结 蜡

——实验描述、理论模拟和现场实践

[美] zhenyu Huang，shengzheng，H.Scott Fogler 著

杨向同　刘会锋　刘豇瑜　译

石油工业出版社

内 容 提 要

井筒结蜡是油气田常见的井筒流动保障问题之一，尤其是在油气田开发的中后期，井筒蜡堵问题变得更加突出。本书对结蜡建模的热动力学和传质理论、析蜡实验评价方法、结蜡理论模型和现场实践做了深入翔实的系统介绍。

该书适用于相关专业的学生，现场工程师和油田研究人员，也可供高等院校石油工程相关专业的师生学习参考。

图书在版编目（CIP）数据

结蜡：实验描述、理论模拟和现场实践 /（美）黄振宇 (Zhenyu Huang)，（美）郑晟（Sheng Zheng），（美）斯科特·福格勒 (H.Scott Fogler) 著；杨向同，刘会峰，刘豇瑜译. —北京：石油工业出版社，2018.10
原文书名：Wax Deposition Experimental Characterizations, Theoretical Modeling, and Field Practices
ISBN 978—7—5183—2875—8

Ⅰ.①结⋯ Ⅱ.①黄⋯ ②郑⋯ ③斯⋯ ④杨⋯ ⑤刘⋯ ⑥刘⋯
Ⅲ.①结蜡—研究 Ⅳ.① TE869

中国版本图书馆 CIP 数据字 (2018) 第 224769 号

Wax Deposition Experimental Characterizations, Theoretical Modeling, and Field Practices
by Zhenyu Huang, Sheng Zheng, H. Scott Fogler
ISBN：978—1—4665—6766—5

© 2015 by Taylor & Francis Group, LLC
CRC Press is an imprint of Taylor & Francis Group, an Informa business
All Rights Reserved
Authorized translation from English language edition published by CRC Press, part of Taylor & Francis Group LLC.

本书经 Taylor & Francis Group, LLC 授权翻译出版并在中国大陆地区销售，简体中文版权归石油工业出版社有限公司所有，侵权必究。

Copies of this book sold without a Taylor & Francis sticker on the cover are unauthorized and illegal. 本书封面贴有 Taylor & Francis 公司防伪标签，无标签者不得销售。

北京市版权局著作权合同登记号：01—2016—9437

出版发行：石油工业出版社
　　　　　（100011 北京安定门外安华里 2 区 1 号楼）
　　　网　　址：www.petropub.com
　　　编辑部：(010) 64523710
　　　图书营销中心：(010) 64523633
经　销：全国新华书店
印　刷：北京中石油彩色印刷有限责任公司

2018 年 12 月第 1 版　2018 年 12 月第 1 次印刷
787×1092 毫米　开本：1/16　印张：9.75
字数：200 千字

定价：86.00 元
（如发现印装质量问题，我社图书营销中心负责调换）
版权所有，翻印必究

译者前言

井筒结蜡是油气田常见的井筒流动保障问题之一，尤其是在油气田开发中后期，井筒蜡堵问题变得更加突出。如今国内虽然有许多关于蜡沉积规律、结蜡预测、防蜡措施等方面的文献报道，但缺乏系统介绍结蜡原理及结蜡预测的书籍。译者 2015 年在美国休斯敦进行完井技术交流及研究期间，阅读了 Zhenyu Huang 等人所著的《WAX DEPOSITION》这本书，该书系统地介绍了结蜡的实验评价方法、理论模型和现场实践，认为很有必要将此书介绍给国内同行，以供国内石油科学家和工程师参阅，以期为国内油气田的井筒结蜡预测以及防蜡、控蜡措施的制订提供参考。

本书对蜡的热力学性质、析蜡实验评价方法、结蜡理论模型和现场实践做了系统介绍，描述深入、内容翔实。第一章介绍了结蜡的背景，包括结蜡现象产生的原因，结蜡程度的大小及其对石油生产的影响。第二章详细介绍了测量析蜡温度和析蜡曲线的实验方法，并对各方法的优缺点进行了对比，便于油田根据实际情况选择合适的实验评价方法。第三章介绍了结蜡热力学模型建模步骤及模型的工业应用。第四章介绍了结蜡的机理、基本理论模型及现有的商业化结蜡模型。第五章介绍了结蜡流动循环实验的基本原理、实验流程以及对蜡沉积实验结果的描述方法，是结蜡评价的重要依据。第六章介绍了结蜡理论模型在流动循环实验中的应用，包括结蜡模型的校正方法、应用结蜡模型测取结蜡厚度的方法等，并分析了工况条件对结蜡厚度的影响。第七章以案例形式介绍了结蜡模型的现场应用，并对结蜡模型的改进空间和未来发展方向做出了展望。

全书共七章，由刘会锋、腾起翻译前言、第一章；吴红军、刘源翻译第二章、第三章；姚茂堂、李松林翻译第四章、第七章；曹立虎、王克林翻译第五章、第六章。全书由杨向同、刘会锋、刘豇瑜审核校对。

由于译者水平有限，译文难免存在疏漏和不足之处，恳请广大读者提出宝贵意见和建议。

前　言

结蜡问题是石油行业中面临的最普遍的流动问题之一。随着石油资源开发从陆上转移到了海上，石油行业在保证生产流动方面面临着前所未有的挑战，防蜡或减少结蜡的技术成本日益增高和复杂。

全球要解决结蜡都需要回答以下3个问题：

(1) 目标油田有无结蜡问题？

(2) 如果有，具体是什么问题？有多严重？

(3) 我们如何解决这一问题？

这几个问题不仅是结蜡方面需要回答的典型问题，也是流动保障中其他许多生产中产生的常规化学问题方面需要回答的问题。回答第一个问题相对简单，只需要进行几个流体检测试验就可以回答。若要更深入地了解问题则需要回答第二个问题。回答第3个问题除了要掌握化学工程教科书上的知识，还需要有操作经验，决策者必须全面了解油田的生产能力和效益，同时还要知道减缓或补救措施的本质。

如今，流动保障方面有很多专业书籍，但是缺乏专门介绍结蜡方面的书。这是一本全面介绍结蜡现象的书。书中对结蜡建模中的热动力学和传质理论进行了详细的介绍，对实验室测试进行了全面回顾，以期为油田建立合适的控制措施提供帮助。本书进一步的介绍可以帮助流动保障工程师理解结蜡过程，熟悉多种方法并认识到它的复杂性，最终得以解决该问题。该书适用于相关专业的学生、现场工程师和油田研究人员，可以帮助他们理解基本热动力学理论是如何解决油田现场的生产问题。

回到之前提出的3个问题，我们希望这本书能够提供有价值的信息来帮助解决这些问题。第一章介绍了结蜡的背景，包括现象产生的原因，结蜡程度的大小及其对石油生产的影响。第二章和第三章介绍了多种实验室技术和理论模型。这些测试和模型对于解决第1个问题（是否存在结蜡问题）是不可缺少的。第四章到第六章对于解决第2个问题（问题的严重性）是关键的。第四章中，根据化学工程的基本理论系统地描述了结蜡的过程，其中讨论了多种结蜡模型和它们各自的假设条件，对比了各个模型的优缺点。第五章详细地介绍了实验室结蜡模拟实验，以检验模型是否合适。重点介绍了"冷指针装置"和实验室尺度的流动循环。第六章给出了通过基本的传热和传质理论来解释实验室结蜡实验的结蜡过程来更好地理解结蜡现象，最终能够预测油田现场生产中的结蜡。第七章，通过几个现场例子来说明怎样根据实验室测试和建模模拟的结果来指导油田管理制度以解决结蜡问题。

  本书包含了全面的结蜡方面的内容，不仅有理论研究，还有现场问题研究。感谢行业内多家公司的评论和建议。感谢流动保障方案有限责任公司的 Tommy Golczynski 和 Tony Spratt 细心地审阅本书初稿。感谢密歇根大学工业联盟研究项目的支持。感谢雪佛龙、康菲、Multichem、Nalco、壳牌、挪威国家石油、道达尔和 Wood Group Kenny 公司的帮助。感谢 Fogler 教授研究团队对密歇根大学工业联盟研究项目的贡献。最后，感谢我的家人对我的支持。

作　　者

黄振宇博士，是流动保障方案有限责任公司高级流动保障专家，对石油工业中多种流动保障问题提供指导。他的专业包括化学工程和多相流。黄博士有8年的学术研究和现场工作经验，研究涉及多种结蜡问题。参与了多个涉及海上石油开发的结蜡问题，研究成果包括建模、实验验证、流体测试和现场应用。目前为美国化学工程研究所上游工程和流动保障部门的副主席。黄博士在清华大学获得学士学位，在密歇根大学获得博士学位。博士论文为传热和传质理论的应用——海底石油管道中的结蜡问题研究。

郑晟，获密歇根大学化学工程学士学位，化学和数学副学位。H.Scott Fogler 教授的博士在读生。研究方向为结蜡问题的前沿实验和理论建模研究。目前发表了多篇高质量的多组分结蜡建模和多相流环境下的蜡质运移文章。同黄振宇博士一起参与结蜡预测相关项目。

H.Scott Fogler 博士，密歇根大学化学工程教授。2009 为美国化学工程学院主席。他在伊利诺伊大学获得学士学位，科罗拉多大学获得硕士和博士学位。是《化学反应工程元素》的作者。H.Scott Fogler 教授和其研究团队在化学反应的应用方面很知名，在结蜡、海底管道中化学动力学、沥青质絮凝、油井酸化等方面发表了200多篇论文。

目 录

1 概况 ·· 1
    1.1 结蜡研究背景 ··· 1
    1.2 结蜡实验、建模和应用 ·· 4

2 蜡的热力学性质实验表征 ·· 7
    2.1 引言 ··· 7
    2.2 析蜡温度的确定 ·· 8
    2.3 析蜡曲线测定 ·· 25
    2.4 析蜡表征的实验方法 ·· 32
    2.5 小结 ··· 33

3 析蜡热力学建模 ··· 35
    3.1 引言 ··· 35
    3.2 析蜡基本原理 ·· 36
    3.3 热力学建模步骤1：建立热力学方程 ·· 37
    3.4 热力学建模步骤2：简化热力学方程 ·· 42
    3.5 Coutinho 热力学模型——理论综合热力学模型 ·································· 47
    3.6 结蜡模型的工业应用 ·· 49
    3.7 蜡热力学模型的进一步应用 ··· 54
    3.8 小结 ··· 55

4 结蜡模型 ·· 57
    4.1 结蜡机理 ··· 57
    4.2 分子扩散是结蜡的主要机理 ··· 59
    4.3 结蜡模型概述 ·· 62
    4.4 不同结蜡模型的详细对比 ·· 64
    4.5 小结 ··· 75

5 结蜡实验介绍 ··· 76
    5.1 实验的重要性 ·· 76

5.2	结蜡的流动循环实验	76
5.3	沉积特征	79
5.4	冷凝管结蜡装置	86
5.5	进行流动循环蜡沉积实验	87
5.6	小结	88

6 结蜡模型在流动循环实验中的应用 ... 89

6.1	引言	89
6.2	结蜡模型的不确定性	89
6.3	应用结蜡模型求取结蜡厚度	91
6.4	结蜡实验的热传输和物质传输分析	99
6.5	利用结蜡模型分析蜡组分	108
6.6	小结	110

7 结蜡模型的现场应用 ... 112

7.1	引言	112
7.2	案例1——单相管流	114
7.3	案例2——油气多相流	120
7.4	小结	124
7.5	展望	125

参考文献 ... 127

附录 术语 ... 140

1

概　　况

1.1　结蜡研究背景

结蜡问题是石油天然气行业里的一个重要挑战。早在1928年就有报道提到在原油生产、运输和存储中，结蜡问题都是一个需要解决的难点问题。(Reistle，1932)。石油产业链上的多个地方都存在结蜡问题，包括流动管线、地面设备、上游设备和下游炼化设备。情况严重的时候，结蜡还有可能发生在油井的套管中。

原油中的蜡组分是正构烷烃，是碳数大于20的烷烃（Lee，2008）。在温度较高的储层条件下，这些蜡溶解在油中。原油生产过程中，蜡会随着温度的降低析出（Berne-Allen和Work，1938）。蜡从油中析出，形成固相，就会导致原油运输过程中的压力损耗大大增加。蜡在管道内表面沉淀导致结蜡现象的出现（Reistle，1932）。

在20世纪90年代前期和中期，结蜡现象通常出现在陆上和近海油田（Reistle，1932）。1969年，美国每年的防蜡花费为450万～500万美元（Bilderback和McDougall，1969）。陆上油气资源开采和管理相对较容易，结蜡问题相对容易解决，可以通过优化生产条件（管线尺寸和压力等）、加热管线和机械除蜡的方式清蜡，这些方式都是偶尔用且费用相对较低。20世纪末结蜡问题变得越发棘手，由于当时世界油气资源从陆上向海上转移，这一历史变化如图1.1所示（Huang，Senra，Kapoor和Fogler，2011）

以美国为例，大型的海上油田主要在路易斯安那州、得克萨斯州、加利福尼亚州和阿拉斯加州沿岸，这些油田迅速成为美国能源发展战略的重要元素（2012—2017年OCS油气5年规划的经济分析报告，2011）。1995年墨西哥湾生产的石油达到$2000×10^4$bbl，2007年达到$14×10^8$bbl（Bai和Bai，2012）。海上石油通常需要长输管道来运输，与处理装置的距离长达几十甚至上百千米（Golczynski 和 Kempton，2006）。原油从油藏出来时的温度高达 160℉，通过铺设在海水中的管道运输至地面，海水的温度约 40℉，这一温差导致管道中的原油发生降温。随着管道中流体温度的下降，蜡从油中析出，在管道壁上沉淀，这给原油运输带来了一系列问题，包括压力损耗增加和存在管道堵塞风险。图 1.2 是由结蜡引起管道堵塞的实例（Singh，Venkatesan，Fogler 和 Nagarajan，2000）。

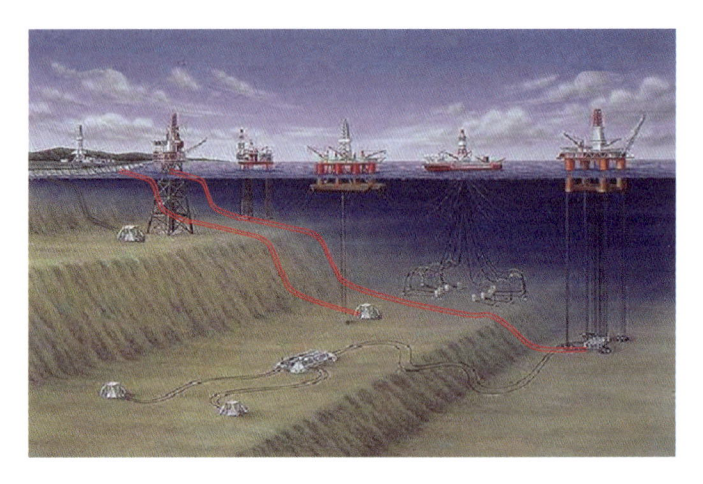

图 1.1　20 世纪末原油生产由陆上转移至海上

（Huang，Z. 等，AIChE J. 57，841–851，2011）

图 1.2　管道蜡堵实例

（From Singh, P. 等，AIChE J., 46, 1059–1074, 2000）

结蜡问题已经成为海上油气资源生产中必须考虑的问题，包括墨西哥湾（Kleinhans，Niesen，Brown，2000），北部斜坡（Ashford，Blount，Marcou 和 Ralph，1990），北海（Labes-Carrier，Rønningsen，Kolnes 和 Leporcher，2002；Rønningsen，

2012), North Africa (Barry, 1971), 亚洲东北部 (Bokin, Febrianti, Khabibullin 和 Perez, 2010; Ding, Zhang, Li, Zhang 和 Yang, 2006), 南非 (Agrawal, Khan, Surianarayanan 和 Joshi, 1990; Suppiah 等, 2010) 和南美 (Garcia, 2001)。这些需要考虑结蜡问题的油田位置如图 1.3 所示。

图 1.3 世界范围内结蜡地区图

过去几十年中，已报道有很多因结蜡而导致的生产事故。美国矿产管理局报道了 1992—2002 年墨西哥湾油气生产过程中 51 起由结蜡引起严重的道堵塞问题（Zhu, Walker 和 Liang, 2008）。Elf Aquitaine 报道了一起最严重案例，其清蜡花费达到 500 万美元，事故导致停产 40 天，额外损失达到 2500 万（Venkatesan, 2004）。英国北海斯塔法油田的 3\8b 区块事故最为严重，经过多次尝试清蜡都不成功，最后被迫废弃了油田和平台（Gluyas 和 Underhill, 2003），估算损失达到 10 亿美元（Singh, 2000）。

海上管道防蜡的主要方式之一是管道保温，但这种方法会大大增加生产成本。长输管线结蜡风险很大，最常用的清蜡方法是"刮蜡"，就是用清管器来清除沉积在管道内壁上的蜡（Golczynski 和 Kempton, 2006）。刮蜡作业会影响生产并增加生产成本。刮蜡周期会严重影响生产成本，如 29km 长的生产管道，产量为 30000 bbl/d，原油价格为 20 美元 /bbl，生产成本如图 1.4 所示（Niesen, 2002）。如今原油价格更高，因此，与刮蜡相关的生产成本会更高。

据以上分析，了解结蜡现象的物理化学机理非常重要，可以帮助人们找到防蜡和清蜡的方法。通过实验室实验和理论建模来了解这些机理，实验和建模要基于热动力学和传质理论的基础知识。本书的目的就是介绍实验和建模所需要用到的热动力学和传质理论的基础知识，并且演示如何将这些基础理论应用到解决结蜡问题的各个案例中。

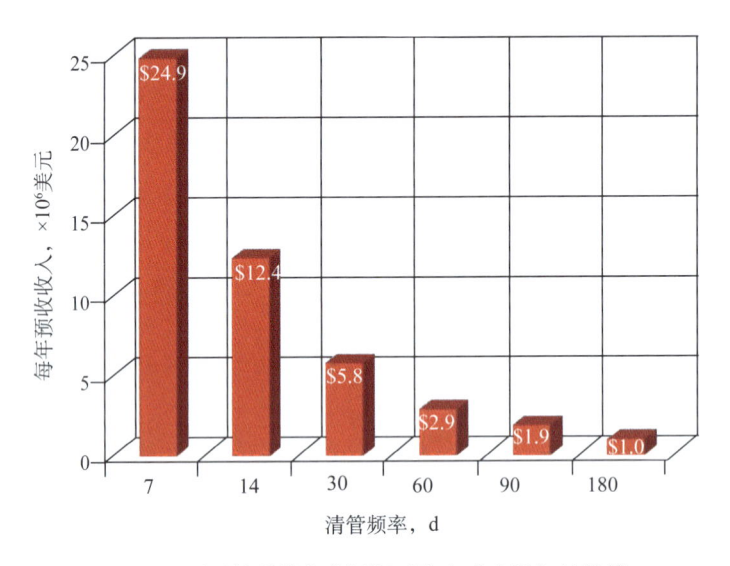

图 1.4　不同的刮蜡作业周期对生产成本增加的估算

1.2　结蜡实验、建模和应用

解决结蜡问题开展的实验、预测和处理方案提出的大致方法流程如图 1.5 所示。

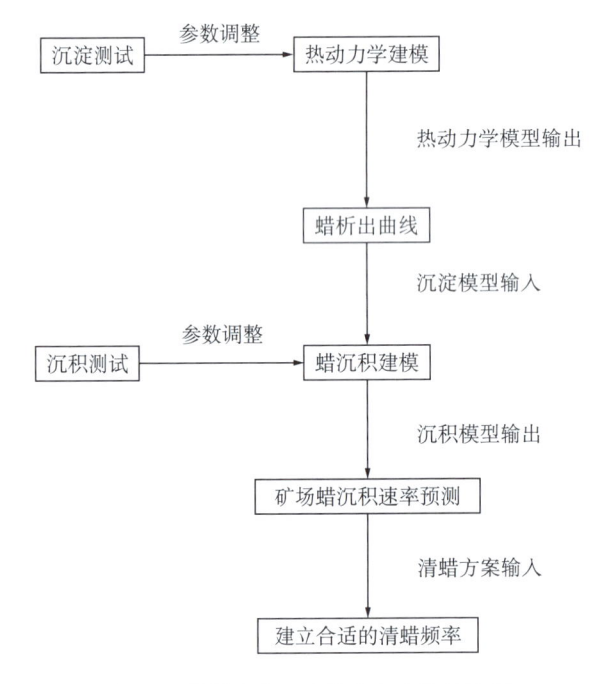

图 1.5　结蜡实验、建模和方案设计流程

解决结蜡问题第一步首先要了解不同温度和压力下原油的析蜡点。需要明确的是，在蜡析出的过程中温度是主控因素，压力的影响并不大。研究这一问题通常需要结合实验测量和理论建模。这两部分会在第二章、第三章中详细介绍。研究结果常用析蜡曲线表示，如图1.6所示。在析蜡出曲线中，最高的温度对应着蜡的析出温度。在其他的温度下，曲线不超过某一渐近线，这一渐近线对应的值代表了蜡的总含量。本书的第二章将重点阐述实验关键特征。第三章将介绍建模预测的蜡析出曲线。

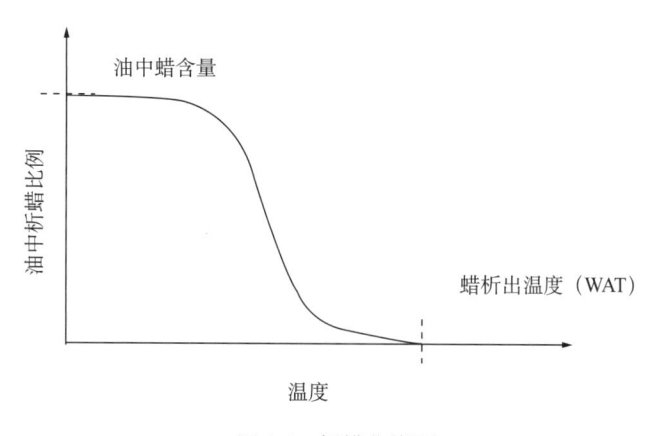

图1.6 析蜡曲线图

同样重要的另一个方面是要了解水动力学（也就是压力降落）和沿着管道的径向流、轴向温度剖面（这有助于判断结蜡的位置）。可以通过结蜡模型（采用流动模拟器来确定压力和温度的分布情况）来判断结蜡点，管道中析蜡点位置就是温度降低到析蜡温度以下的位置，如图1.7所示。

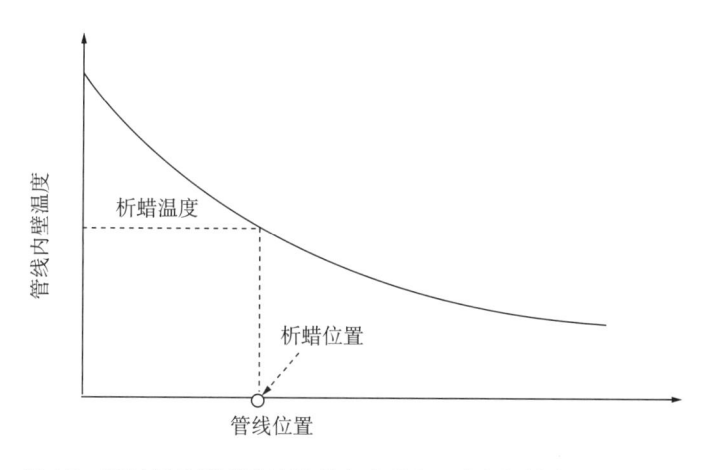

图1.7 通过析蜡模型计算管道内壁温度，确定析蜡点位置示意图

此外，利用结蜡模型通过计算蜡的沉积速度来评价结蜡的严重程度，从而确定管线中可能的析蜡点。为此，结蜡模型中用到了传输理论的基本知识（第四章中会详细介绍）。传输理论和结蜡模型验证可通过与管流实验的结果对比来实现。在过去几十年中，有很多实验室模拟实验和现场试验来研究结蜡现象。第五章对这些实验进行了总结。第六章介绍了实验结果的验证和结蜡的主控因素。通过深入的理论分析，了解到影响结蜡最重要的因素。第七章主要介绍了结蜡模型是如何应用到现场解决现场结蜡问题的，本章中还讨论了更深入理解结蜡现象的几个方面，以实现精确预测现场的结蜡。

2 蜡的热力学性质实验表征

研究油田生产管线结蜡问题的重要性开始于析蜡中热动力学参数的研究。这个研究提供了蜡析出的基本知识，使人们能够对结蜡进行预测。本章会采用多种方法来表征蜡从油中析出的两个关键的热力学参数——析蜡温度和析蜡曲线。第三章将介绍结蜡的理论模型，以将我们的结蜡知识扩展到压力和温度的关系上，类似于现场操作中所发现的压力和温度。

对蜡热力学的理解将有助于人们回答原油行业中的三个重要问题：

(1) 析蜡的温度是多少？
(2) 某一温度下析蜡量是多少？
(3) 析出蜡的性质是什么？

能够解答以上问题的实验技术有很多。下面将会介绍这些实验技术的原理、应用和限制。

2.1 引言

让我们从回答第一个问题开始，"油田有无结蜡问题？"想要明确回答这一问题需要进行复杂的流体测试。在矿场实践中，可以通过几个参数来进行判断，如蜡含量和结蜡温度。这些参数的值可以通过储油罐取样进行实验测试得到。现场流体保障分析的初期就要进行实验测试。储油罐中油性质分析见表2.1。

表2.1 储油罐中石油流体分析结果实例

参数	数值	单位（条件）
钻井流体含量	<0.8	%（质量分数）STO
API 重度	32.1	在60℉条件下

续表

参数	数值	单位（条件）
蜡含量	4.5	%（质量分数）
沥青质含量	1.8	%（质量分数）
硫含量	0.9	%（质量分数）
析蜡温度	95	℉
流动点	30	℉
总酸量	0.07	mg KOH/g

直觉上，人们会认为含蜡量为10%的原油要比含蜡量为2%的原油要更容易发生结蜡，结蜡温度为49℃的原油要比结蜡温度为10℃的原油更难处理。一般说来，含蜡量超过2%，结蜡温度比海底温度（39℉或4℃）高的都存在结蜡风险。这样的判断很粗略也很保守，也有可能原油结蜡温度为39℉，但却没有发生结蜡，还有可能同样蜡含量的两种原油的结蜡特征也不同。更困惑的是从同一储油罐中取出的原油可以有截然不同的蜡含量和结蜡温度，这种情况下人们该如何合理解释测试结果？如何判断哪个测量值能代表油田的实际？

本章将详细地介绍多种测试方法，目的是为了全面理解实验室的测试参数，从而判断油田现场是否会发生结蜡。这些测试主要为了得到两个热力学参数——分蜡含量和结蜡温度。第三章将会介绍结蜡理论模型，这是进行结蜡预测的另外一种方法。

2.2 析蜡温度的确定

随着原油温度的降低，原油中的蜡开始析出。析蜡温度是指开始观察到蜡析出时的温度。析蜡温度通常是进行海上钻井设备设计所需要考虑的首要参数之一，因为温度指示了原油运输过程中结蜡的潜力和可能结蜡的位置。

多数析蜡温度的测量是根据蜡结晶过程中物理性质的变化，在所有析蜡温度的测试技术中，蜡沉淀首先是由油样受控冷却引起的。在低于但接近原油析蜡温度时，前几个蜡晶形成，由此引起的物理性质的变化可以通过适当的设备探测到，从而确定析蜡温度。

需要注意的是对前几个蜡晶的定义是宽泛的，如用125倍的显微镜，可以观察到1μm的蜡晶（Rønningsen，Bjamdal，Hansen和Pedersen，1991）。一般蜡晶大于10μm。因此，说明1μm大的蜡晶是析蜡的早期和中期阶段（Venkatesan，2004）。然而，1μm蜡晶不一定就是析蜡的最开始阶段，如果采用精度更高的显微镜，如近红外散射仪，可以观察到小于55nm的蜡晶。即使采用近红外散射仪，也不能说55nm是析蜡的起点。实际上，没有测量技术能够测量到所谓的析蜡起点。在热动力学的定义上，析蜡的起点对应的蜡晶是无限小的。但是实验测量技术要求蜡晶体有一定的大小才能检测到。因此，准确地说由实验仪器测得的析蜡温度代表的是可观察到一定量的蜡沉淀时的温度（而不是说析蜡温度是蜡沉淀的起始温度）。由于不同测量方法的限制，析蜡温度可相差20℃（Coutinho和Daridon，2005）。由于不同测量方法测量到的析蜡温度不同，所以通常进行多种测量实验，将实验结果进行交叉对比来确定析蜡温度界限。

尽管不同测试技术检测蜡结晶，都是基于样品的不同物理性质，但是各种测试方法的测试原理大致相同，总结如图2.1所示。

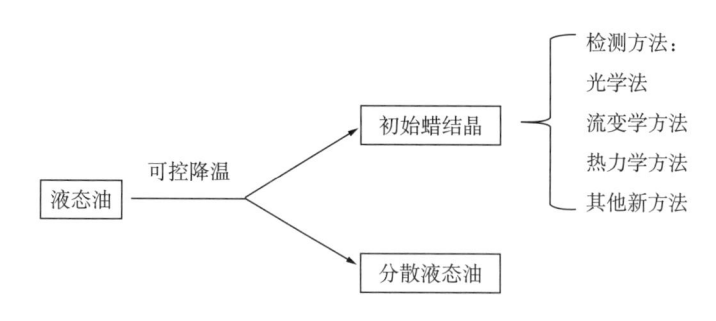

图2.1 析蜡温度测试的常规方法

光学技术检测蜡结晶是基于蜡结晶与光的相互影响。这种技术包括可视化检测，正交偏振显微检测和傅里叶变换红外光谱检测。这三种技术将在2.2.1到2.2.3中介绍。流变学检测，如黏度检测法可以用于检测蜡悬浮颗粒的存在，该方法是基于体积黏度的变化。根据黏度来确定析蜡温度的方法将在2.2.4中介绍。热力学技术，如差示扫描量热法，是通过检测析蜡过程中热量损失来确定析蜡温度，具体将在2.2.5中介绍。不同测试方法的对比将在2.2.6中介绍。其他的没有广泛应用的新方法将在2.2.7中简短介绍。

2.2.1 肉眼观察法

固体蜡晶体散射光，因此，油蜡悬浮液看起来不透明。用肉眼观察法可以通过观察蜡析出时油样浑浊来确定析蜡温度，因此，结蜡温度也叫浊点。已经有基于肉眼观察蜡状固体的标准测试方法，如ASTM-D2500（ASTM International，2011）。图2.2展示了用ASTM-D2500测定析蜡温度的实验装置。

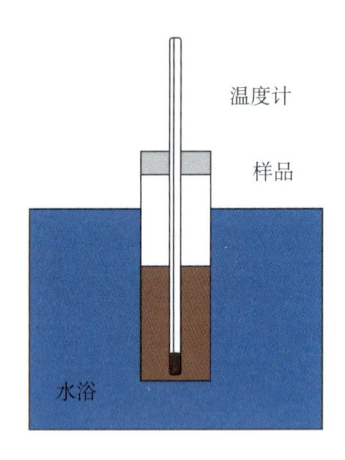

图 2.2　ASTM-D2500 测试标准中采用的测量仪器示意图

原油样本放入测试管中，将测试罐置于恒温冷水浴中。样本流体温度的降低通过温度计测量，样本温度降低 1℃ 后，取出测试管观察有无固相析出。需要注意的是，水浴温度和测试管中液体的温度差异大会延迟蜡析出（Bhat 和 Mehrotra，2004；Coutinho 和 Daridon，2005）。因此，利用计算机程序控制器进行仔细的缓慢冷却温度控制以缓和过冷却对蜡晶形成的影响，这么做似乎是有意义的。然而即使采用能够实现无限小降低温度变化速率的控制器，也难以得到准确的析蜡温度。如果温度变化速率过小，析蜡温度的测试时间需要很长。实际测量中温度变化速率为 0.1 ~ 10℃/min（Hansen，Larsen，Pedersen，Nielsen 和 Rønningsen，1991；Rønningsen 等，1991），过冷却现象还是会发生，因此测得的析蜡温度会随着温度下降速率的不同而变化。

不论采用哪种测量析蜡时间的方法，都需要对测试样品进行降温，因此，由过冷现象导致的析蜡时间测量的不确定性对于任何的测试方法都存在。一般说来，随着温度变化速率的增加，析蜡温度降低。表 2.2 中总结了各种测量方法中温度变化速率对结蜡温度的影响。

表2.2　冷却速率对析蜡温度的影响

技术	冷却速率变化范围	析蜡温度下降速率，℃/min	研究来源
CPM	0.1 ~ 0.5℃/min	<3	Ronningsen（1991）
DSC	1 ~ 3℃/min	<1	Alghanduri，Elgarni，Daridon，Coutinho（2010）
黏度计	0.03 ~ 0.2℃/min	<1.5	Ronningsen（1991）

需要指出的是，表 2.2 中没有列出 ASTM 方法中温度变化速率对析蜡温度的影响，因为 ASTM 方法中冷却速率不可控。

ASTM-D2500 方法测试析蜡温度的可靠性随着原油中蜡组成的变化而变化。例如，对于 C_{12} 的原油和 C_{16} 的蜡系统来说，其液体是透明无色的，ASTM-D2500 方法测试的析蜡温度与差示扫描量热仪和黏度仪测试的析蜡温度吻合（Bhat 和 Mehrotra，2004）。但原油通常是黑色的，开始变模糊的时刻不好确认。ASTM-D2500 方法测试得到的析蜡温度通常比差示扫描量热仪和黏度仪测试的析蜡温度低 5℃（Claudy，Letoffe，Neff 和 Damin，1986；Kruka，Cadena 和 Long，1995）。另外，当原油颜色比 ASTM-D1500 方法测得的深 3.5 以上时，ASTM-D2500 方法不适用。

ASTM-D3117 是在 ASTM-D2500 方法的基础上建立的，目的是对于颜色较深的样品能够通过观察的方法得到测试。在 ASTM-D3117 中，使用内径为 0.8in 的较小样品池代替 ASTM-D2500 中用的 1.2in 的样品池，使用更薄的样品池，液体样品薄膜厚度减小，原油看起来颜色就不那么暗，便于更好地观察到"第一次浑浊"。然而，对于一些颜色更暗的原油样本，这样的改进还显得不够。Ijeomah 等中采用 ASTM-D3117 方法进行实验时，对于颜色较浅的样本是能够测到析蜡温度，但是对于颜色较深的样本这种方法不适用。

以上提到的两种析蜡温度测试方法可以快速便捷的测试析蜡温度。然而它们的局限在于对于颜色较深的原油样本不适用。另外，由于这两种方法对于温度变化速率没有控制，所以会导致蜡析出的延迟，最终导致析蜡温度的不确定。

2.2.2 正交偏光显微镜测试法

正交偏光显微镜测试法和之前提到的两种方法相比，优点有：
（1）采用显微技术突破小粒径蜡晶体观测的限制。
（2）采用正交偏振光使得检测颜色深的原油样本中的固相颗粒成为可能。

这种方法的测试步骤与视觉测试法相似，步骤为：取一滴油样放在载玻片上，并用玻璃片盖住，制成 50μm 液膜。然后以 0.5～1℃/min 的冷却速率冷却液膜，通过显微镜就能监测到晶体形成的第一标志。用显微镜，物体可放大 100 倍，可以观察小到 0.5～1μm 的固体。使用正交偏光而不是非偏光来增强蜡固体和液体之间的对比度。正交偏光显微镜下液体油呈黑色，因为正交偏光不能通过 2 个垂直的尼科尔棱镜，如图 2.3a 所示。像蜡晶那样的结晶材料是光学各向异性的，因此可以移动偏光的偏振面，使部分正交偏光透过尼科尔棱镜，如图 2.3b 所示。

最终，正交偏光显微镜下蜡晶体呈亮色，因为蜡结晶后而液体还是黑色的。增强了液体与固体间的对比度，正交偏光显微镜法也可用于测量相对深色的原油样品中的析蜡温度。图 2.4 为北海原油样品中结蜡的显微照片（Rønningsen 等，1991）。基于这些优势，正交偏光显微测试法已广泛应用于析蜡温度的测试，表 2.3 列举的了通过正交偏光显微镜测试法进行析蜡温度测量的研究。

垂直偏振滤光镜　　　　　　　水平偏振滤光镜

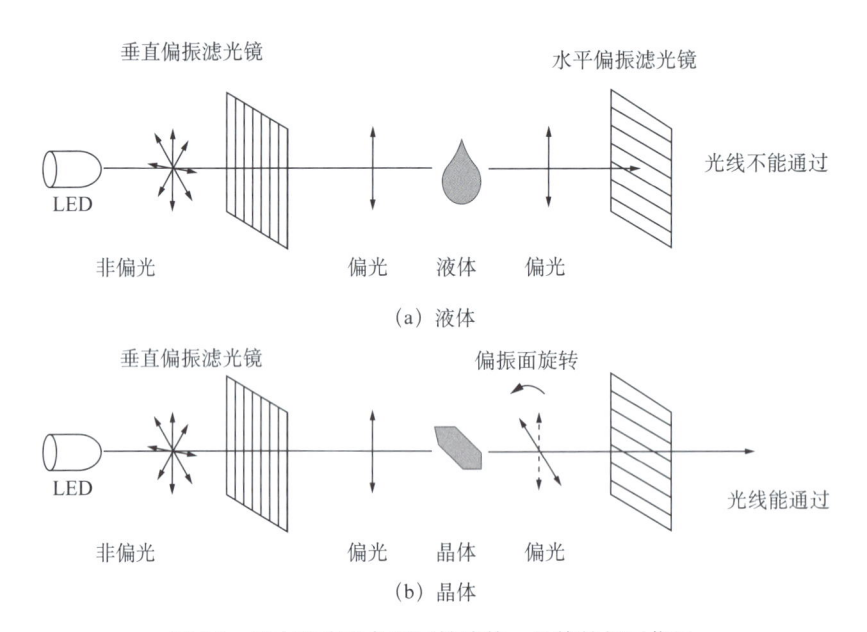

LED　非偏光　　偏光　　液体　　偏光　　光线不能通过

(a) 液体

垂直偏振滤光镜　　　　　偏振面旋转

LED　非偏光　　偏光　　晶体　　偏光　　光线能通过

(b) 晶体

图 2.3　正交偏光和各项同性液体、晶体的相互作用

有研究表明正交偏振显微镜测试方法测出的析蜡温度比其他测试方法测出的析蜡温度要高，如比黏度法和差分扫描量热法高（Erickson et al.，1993；Monger-McClure 等，1999；Rønningsen 等，1991）。某些情况下，正交偏振显微镜测试方法测出的析蜡温度比黏度法和差分扫描量热仪法高出 10℃以上。而正交偏振显微镜测试方法可以测量 1μm 尺度的蜡晶体，这么小尺度的蜡结晶的热效应和体积黏度通过上述两种方法是很难检测得到。通常要求液体中固体悬浮物的含量为 0.3%～0.4%（质量分数）时，才能检测得到黏度的变化。

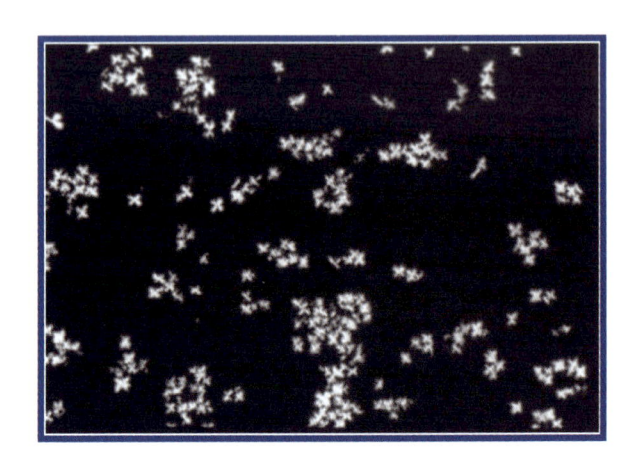

图 2.4　在正交偏振显微镜下的蜡结晶照片

值得注意的是，ASTM-D2500、ASTM-D3117 和 CPM 三种方法测试得到的析蜡温

度都是基于观察者对于开始析蜡时刻的判断。因此，不同的观察者观察得到的结果一般会不同。Rønningsen（1991）等指出同一观察者重复实验观测结果相差约1℃，而不同观察者观测结果相差1.5～2℃。为了减少观测中的主观因素，Kok等人采用图像监测仪来检测图像的强度变化来消除观测中主观因素对析蜡温度测量结果的影响。

CPM测试方法克服了ASTM-D2500和ASTM-D3117两种方法不能测量深色样品析蜡温度的缺点，该方法已成为测量析蜡温度最常用的方法。但是值得注意的是ASTM-D2500/D3117和CPM法都是基于观察者对第一次浑浊的肉眼判断，因此，不同测试者所得的结果也不同，这就降低了这两种方法的可信度。2.2.3～2.2.5节将介绍基于测量物理属性来测量析蜡温度的测试方法，这些方法消除了析蜡温度测量中的主观影响。

表2.3 CPM法确定析蜡温度实验研究列表

文献	样本来源	样本数
Ronningsen（1991）	北海	17
Erickson, Niesen, Brown（1993）	墨西哥湾	15
Monger-McClure, Tackett, Merrill（1999）	墨西哥湾，特立尼达拉岛，密西根，俄克拉何马	13
Cazaux, Barre, Brucy（1998）	不确定	2
Paso（2009）	不确定	2

2.2.3 傅里叶变换红外光谱测试法

傅里叶变换红外光谱测试法的测试原理是基于油与蜡对红外线的吸收不同，因此，FT-IR测得的析蜡温度不受操作者的主观判断影响，这与ASTM D-2500、ASTMD3117和CPM技术不同。下面将讨论这种方法的测试原理和应用。

超过4个连续亚甲基的长链碳氢化合物如蜡，会选择性地吸收波数为720cm^{-1}（通常以v表示）的红外光以刺激发烃链振动，如图2.5所示（Smith，1999；Streitwieser和Heathcock，1976）。吸收v=720cm^{-1}的光会在FTIR光谱显示一个波峰，如图2.6所示。

晶体蜡中，由于晶格中紧密堆积的烷烃链之间的可区分的同相共振和异相共振，720cm^{-1}的吸收带被分为730cm^{-1}和722cm^{-1}两个谱带。典型的蜡结晶红外线吸收谱如图2.7所示。

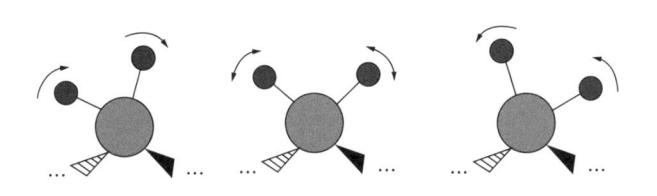

图2.5 烷烃链振动模式

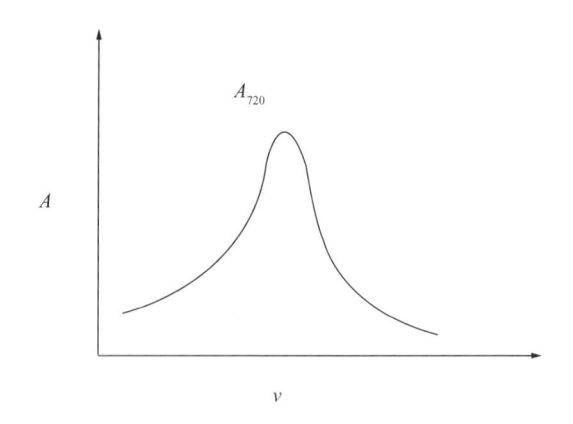

图 2.6 在 v=720cm^{-1} 特征吸收谱的长链烃红外吸收光谱

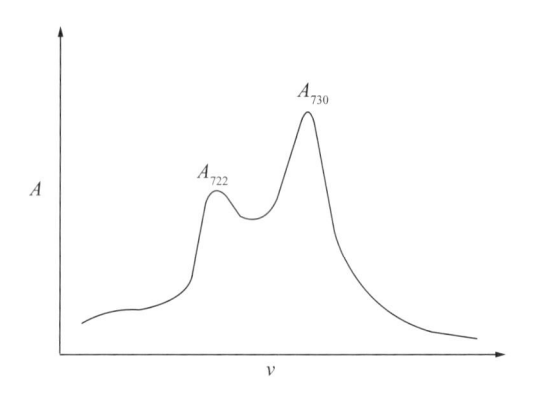

图 2.7 具有原始 720cm^{-1} 吸收的结晶长链烃的红外光谱在 730cm^{-1} 和 722cm^{-1} 处分成两个谱带

吸光度 A 不能与已存在的蜡含量相关，因为随着温度变化，吸光度随红外线吸收光谱形状的变化而变化。(Roehner 和 Hanson，2001)。

不用吸光度采用强度 I 拟合样品中蜡结晶量，强度 I 指光谱下的整个区域如图 2.8 所示。

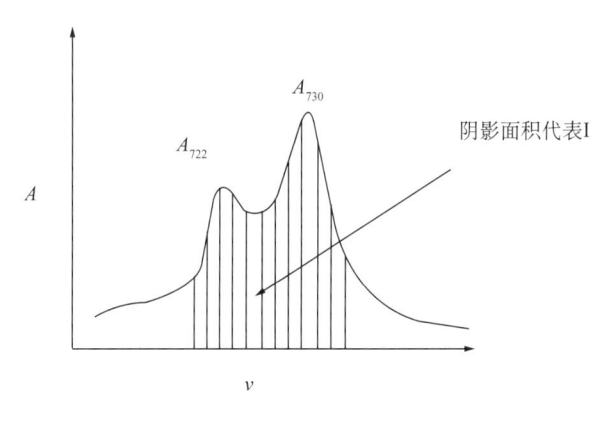

图 2.8 红外线吸收光强度定义

蜡结晶会改变液相的强度,此时强度是蜡结晶和液相强度之和,见式(2.1)。

$$I_{total}=x_{liquid} I_{liquid} + (1 - x_{liquid}) I_{liquid} \tag{2.1}$$

尽管目前对其中的机理还不能完全清楚,但可观察到固态烷烃的吸光强度比液态烷烃的吸光强度大50%之多(Snyder,Hallmark,Strauss和Maroncelli,1986)。因此,蜡结晶冷凝,人们就会观察到强度增加现象,如图2.9所示。

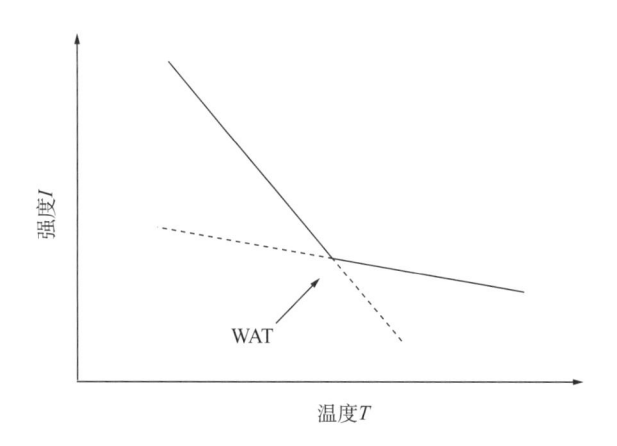

图2.9 随着蜡晶体生成液相强度急剧增加

强度—温度曲线上的转折点被看作是WAT。表2.4列举了采用FT-IR方法测量吸蜡温度的研究。

表2.4 使用FT-IR方法测定析蜡温度的实验研究总结

文献	样品来源	样品数量
Roehner and Hanson(2011)	墨西哥湾,犹他州和阿拉斯加北坡原油	3
Monger-McClure 等(1999)	墨西哥湾,特立尼达和多巴哥,密歇根州和俄克拉何马	13
Alcazar-Varaand Buenrostro-Gonzal(2011)	墨西哥湾	3

本节内容讨论了使用FT-IR方法测定析蜡温度的方法。FT-IR方法可用于测定混合模型和深色原油的析蜡温度。使用FT-IR方法检测析蜡温度的灵敏度可以与CPM方法相媲美。然而,有时候很难在强度—温度曲线上确定拐点,进而难以确定析蜡温度。当目标原油具有相对较宽的正烷烃分布或低的总正烷烃含量时,拐点的不确定性因素非常多。(Coutinho和Daridon,2005)。

2.2.4 黏度测量法

当温度高于析蜡温度时,原油表现为牛顿流体,其黏度与温度的关系可用式(2.2)阿伦尼乌斯型方程描述:

$$\mu = Ae^{E_a/RT} \tag{2.2}$$

其中 E_a 的取值通常在 10~30KJ/mol,A 大约取 (1~5)×10⁻³mPa·s(Ronningsen 等,1991)。当温度低于析蜡温度时,蜡晶体析出,并且析出的固体悬浮在液体中。悬浮的蜡颗粒改变了原油的流动特性。在温度略低于析蜡温度时,原油通常为牛顿流,但随着温度的降低,相比原油高于吸蜡温度时,黏度增加到一个更高的值(Li 和 Zhang,2003;Yan 和 Luo,1987)。析蜡温度是黏温曲线上斜率变化的点。通常用流变仪测试黏度,原油样品以 0.03~2℃/min 的速度冷却(Ronningsen 等,1991)。在 20~300s⁻¹ 剪切率下测得黏度温度函数变化曲线(Ronningsen 等,1991)。可重复性方面,牛顿流时黏度可能有 0.5%~1% 的误差范围,而非牛顿时黏度误差在 10% 以内(Ronningsen 等,1991)。

流体黏温曲线上,在牛顿流区域内使用外推法确定析蜡温度,如图 2.10 所示。利用计算机将黏度与温度关系进行指数函数拟合,如图 2.10(a)所示,或者半对数坐标 $\ln\mu$—$1/T$,如图 2.10(b)所示。表 2.5 列举了一些黏度法确定原油析蜡温度的代表性研究。

需要指出的是,当温度进一步降低到析蜡温度以下时,会析出大量的蜡,且悬浮在原油中,从而导致原油不耐剪切,如图 2.11 所示。

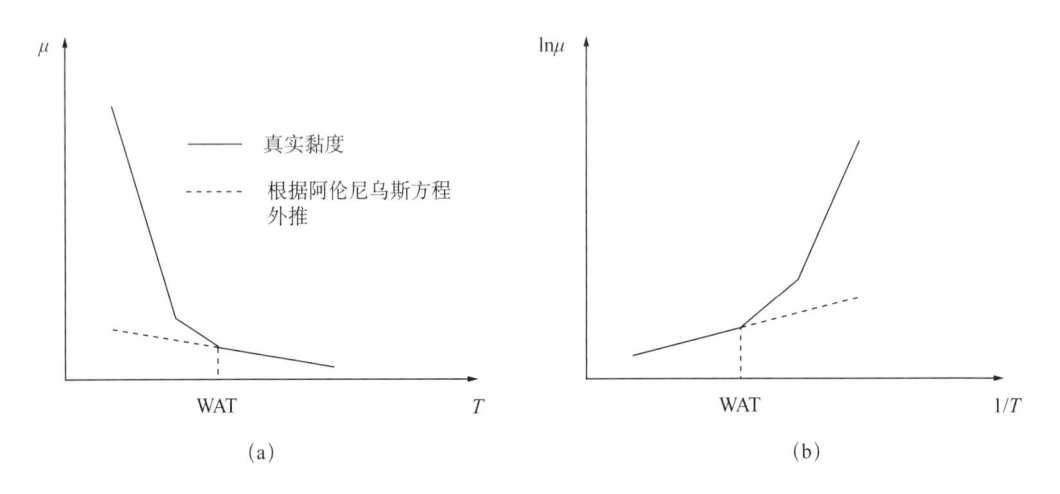

图 2.10 黏度—温度曲线

(a) 典型原油黏温曲线图,虚线部分表示从曲线牛顿区域的外推法;
(b) $\ln\mu$—$1/T$ 曲线图,虚线部分表示牛顿区域的外推法

表2.5 黏度测量法测量析蜡温度的一些代表性研究

文献	样品来源	样品数量
Ronningsen 等（1991）	北海	17
Kruka 等（1995）	中东	1
Kok 等（1996）	不详	15
Cazaux 等（1998）	不详	2
Kok 等（1999）	不详	8
Elsharkawy, Al-Sahhaf 和 Fahim（2000）	中东	8
Alcazar-Vara andBuenrostro-Gonzalez（2011）	墨西哥湾	3
Erickson 等（1993）	墨西哥湾	15

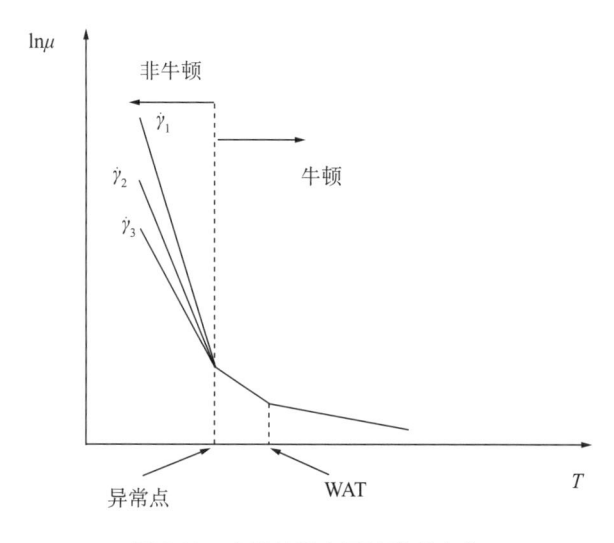

图 2.11 冷却过程中原油黏度变化

（来自 Li, H. 和 Zhang, J. Fuel, 82, 1387-1397, 2003）

本节内容将讨论黏度法确定析蜡温度。黏度法的测试精度低于 CPM 和 FT-IR 法。大多数情况下，为了观察到明显的黏度变化，黏度法要求蜡析出量为 0.3% ~ 0.4%（质量分数），然而 CPM 方法蜡晶体只需要长约 1μm，相当于液体中约 0.1% 的蜡（Ronningsen 等，1991）。因此，用黏度法确定的析蜡温度比 CPM 法确定的值低 0 ~ 10℃（Erickson 等，1993；Ronningsen 等，1991）。根据析出的正构烷烃组分，黏温曲线上析蜡温度附近的斜率变化或急剧或平缓。如果析出的正构烷烃碳数范围小，那么斜率很可能急剧变化，因为正烷烃组分在较小的温度范围内析出。相反，如果析出的正烷烃组分包含碳数范围大，斜率很可能平缓变化，因为正构烷烃组分在较大的温度范围内析出。当析蜡量非常少时，有时很难鉴别斜率变化，这将导致析蜡温度的严重低估（Kok 等，1996；Kruka 等，1995）。

2.2.5 热测试法——DSC 法

析蜡是一个放热过程。热测试法（如 DSC 法）捕捉析蜡样品释放的结晶热量，从而发现开始析蜡的时间。需要指出的是，由于样品的热阻率和有限速率的热传递，样品的实际温度不能在温度变化上立即反应。当样品以 −10℃ /min 的速率冷却时，仪器读出的温度比样品的实际温度约低 5℃（Hansen 等，1991）。因此，为了获得可靠的析蜡温度，需要校准 DSC 仪器的温度标尺，因为样品温度与温度设定值相比存在滞后。可以使用与测量原油析蜡温度相同的冷却程序来测量高纯度已知材料的熔点（例如，铟的熔点为 156.6℃）进行校准。DSC 温度校准的详细操作程序参考 ASTM−E967−08（ASTM 国际标准，2008）。

仪器校准后，将油样置于约 40～75μL 的不锈钢/铝容器中，以约 0.5～10℃ 的速率冷却，同时记录样品的热量变化。使用 DSC 方法确定析蜡温度的综合程序参考 ASTM−D4419−90（ASTM 国际标准，2010）。

其他研究中的测试程序类似于本标准，而对一些特定实例参数不同的研究会有所不同，如扫描速率和样品数量、析蜡温度点、结晶释放热量从而导致流体热量增加等。需要指出的是即使没有析蜡，也应该别除油样冷却需要的热量。DSC 也可以记录去除的热量（Hansen 等，1991）。因此温度降低引起析蜡，为了隔离析蜡产生的热效应影响，需要定义 DSC 热谱图的基线。在应用 DSC 得到的典型原油析蜡温度的特性描述中，一种方法是通过连接 DSC 放热曲线的起点和终点确定基线，如图 2.12 所示（Hansen 等，1991）。

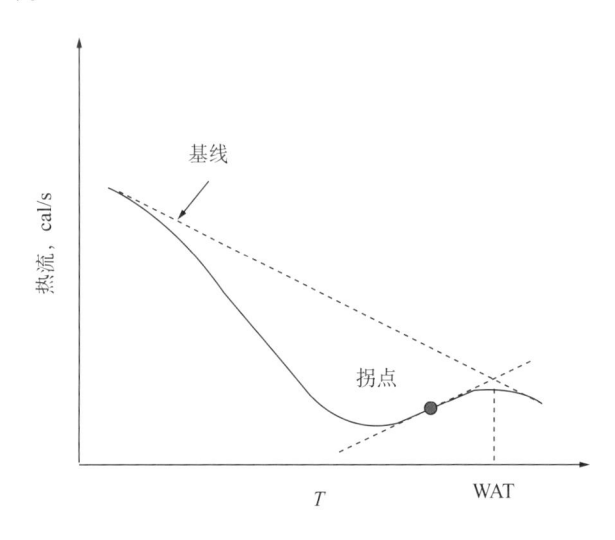

图 2.12 基线定义和基于典型 DSC 热谱图的析蜡温度

从图 2.12 中可以看出，析蜡造成了实际热谱图偏离基线。对于该测量方法，拐点前锋边缘的切线与基线的交点通常定义为析蜡温度（采用 DSC 测量石油结蜡临界温度的标准试验法，2013）。应当指出的是，热谱图形状很大程度上依赖于蜡组分。从图 2.13 可以看出，当析蜡温度范围较小时，可以在热谱图上观察到尖峰。如果析蜡温度范围较大，则放热峰值平缓。由于原油中蜡组分复杂，DSC 热谱图有时候不规则，如图 2.14 所示（Hansen 等，1991）。

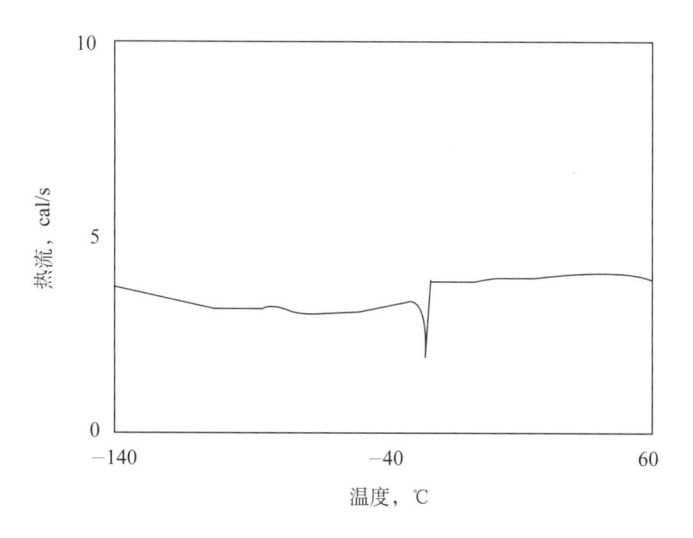

图 2.13　析蜡温度范围较小的北海原油 DSC 热谱图

（来自 Hansen，A.B.等，Energy 和 Fuels，5，914—923，1991）

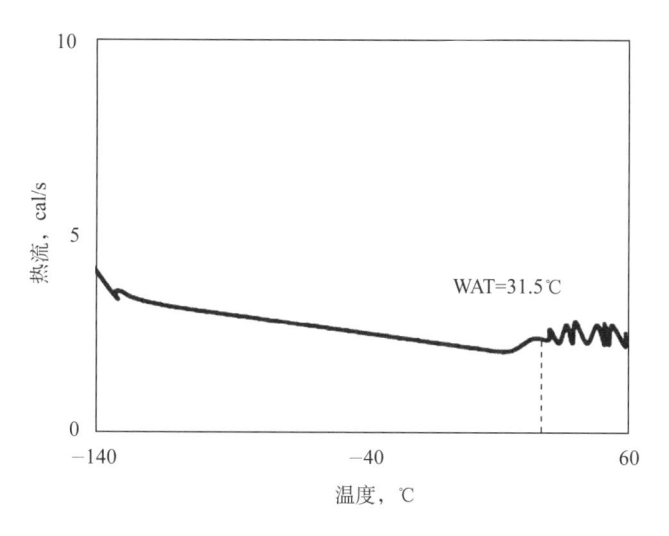

图 2.14　不规则形状的北海原油 DSC 热谱图

（来自 Hansen，A.B.等，Energy 和 Fuels，5，914—923，1991）

由于这些复杂性，所以确定基线和峰前切线的交点变得很难（Hansen 等，1991）。多数情况下，确定析蜡温度是在热谱图基线的可视误差能够识别时的温度（Hansen 等，1991）。热谱图确定的析蜡温度标准偏差约 2℃（Hansen 等，1991）。

表 2.6 列举使用 DSC 法确定析蜡温度的实验研究。与其他析蜡温度测量方法类似，为了能够检测到热效应，DSC 法需要足够的蜡结 [约 0.3%～0.4%（质量分数）]（Hansen 等，1991）。这个蜡晶体量一般比 CPM 方法大，因此使用 DSC 法测定的析蜡温度比 CPM 法低约 8℃。然而，DSC 法确定析蜡温度的精度可能与黏度法相当，因为两种方法都需要析出约 0.3%～0.4%（质量分数）的蜡量（Hansen 等，1991）。除了结晶量外，DSC 法热量信号的强度也取决于结晶速率。结晶速率随冷却速率降低而下降。低结晶速率使得 DSC 法很难检测到结晶热量（Coutinho 和 Daridon，2005）。因此，尽管 DSC 法减小高冷却速率下的过冷却影响，但是过低的冷却速度会降低 DSC 法的精度（Elsharkawy 等，2000）。不同冷却速率下 DSC 热谱图的趋势，如图 2.15 所示。

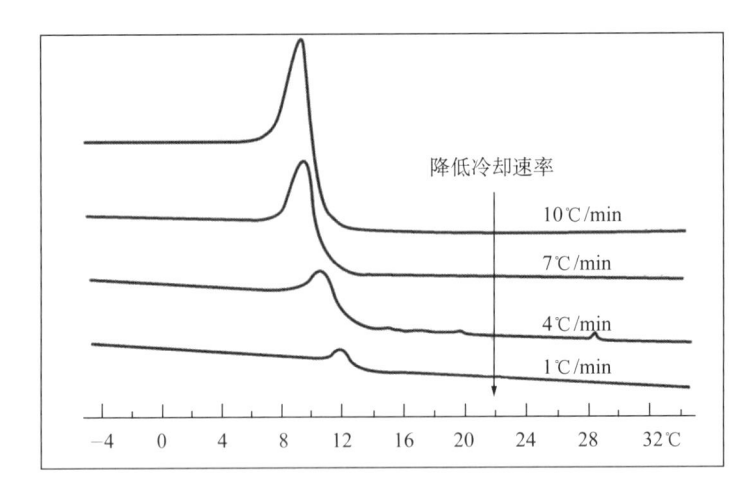

图 2.15 通过在不同冷却速率下冷却原油样品获得的 DSC 热谱图

如图 2.15 所示，当冷却速率降低时，检测到放热起始端向右偏移，这表明过度冷却影响被削弱，并且测量的析蜡温度与热力析蜡温度接近。然而，随着冷却速度降低，放热峰值的强度也下降。如果冷却速度进一步下降，可以预测到放热峰值的强度将继续下降，并最终被噪声掩盖。

表 2.6 用 DSC 法测量析蜡温度的研究

文献	样品来源	样品数量
Hansen 等（1991）	北海	17
Kok 等（1996）	不详	15

续表

文献	样品来源	样品数量
Monger–McClure 等（1999）	墨西哥湾	13
Kok 等（1999）	不详	8
Elsharkawy 等（2000）	中东	8
Alghanduri 等（2010）	利比亚	5
Alcazar–Varaand Buenrostro–Gonzalez（2011）	墨西哥湾	3
de Oliveira 等（2012）	巴西	2

相比其他检测方法，DSC 方法有两个独特的优势。首先，DSC 分析可以确定不同的析蜡温度区域（Kruka 等，1995）。Hammami 和 Mehrotra（1995）已经证明了使用 DSC 可以在不同温度范围内观察到不同正构烷烃的析出。图 2.16 显示的是 C_{50} 和 C_{44} 的二元混合物的 DSC 热图谱。

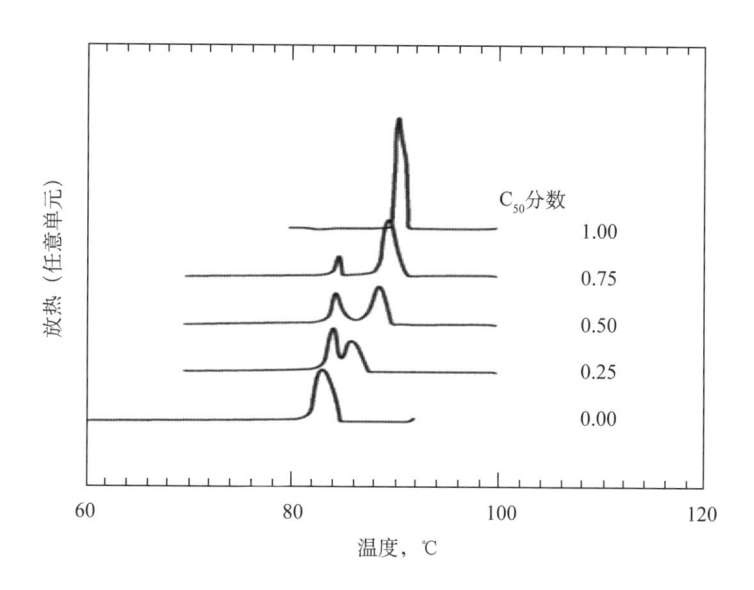

图 2.16 C_{50} 和 C_{44} 的二元混合物在冷却速率为 1℃/min 下的 DSC 热谱图

二元混合物中 C50 组分在 1.00 到 0.00 之间变化

（来自 Hammami, A. 和 Mehrotra, A.K., Fluid Phase Equilib., 111, 253–272, 1995.）

从图 2.16 可以得知：热谱图上出现两个不同的峰值。高温区域的峰值与 C_{50} 结晶有关，而低温区域的峰值与 C_{44} 结晶有关。

其次，DSC 法也可适用于测量含有大量轻质馏分的含气原油的析蜡温度。含气原油中轻质馏分的泡点通常低于大气压。轻质馏分组成对原油析蜡温度的影响深远（Juyal，Cao，Yen，和 Venkatesan，2011）。这种情况下，析蜡温度随溶解的轻质馏分的减少而增加。就北海凝析油而言，由于降压和轻质馏分损失，观察到了析蜡温度增加 10℃（Daridon，Coutinho，和 Montel，2001）。在 DSC 法测试过程中，通过使用特殊高压测试单元在 1～1000bar 范围内调节样品压力来维持含气原油中的溶解气。从而测量出含气原油的析蜡温度（Juyal 等，2011；Vieira，Buchuid 和 Lucas，2010）。

本节内容讨论了使用 DSC 法确定析蜡温度。用 DSC 法确定析蜡温度的精度可以与黏度测量法相媲美，但稍逊色于 CPM 法和 FT-IR 法。与其他方法相比，DSC 法有两个优势：一是可以检测不同温度范围的析蜡；二是适用于测量高压条件下含气原油的析蜡温度。

2.2.6 不同析蜡温度测量法的对比

此时，你可能会问这个问题，"如何通过这四种方法比较析蜡温度值？"在过去的二十年中，CPM 法、黏度测量法，DSC 法和 FT-IR 方法已经在多个比较研究中进行了广泛对比。表 2.7 列举了一些本书中着重选出的最具代表性的实例。

在这四种方法中，由于 CPM 法检测极限低，它可提供最保守的析蜡温度测量。图 2.17 总结了 104 组采用 CPM 法、黏度测量法、DSC 法和 FT-IR 法测量析蜡温度的统计资料。

表2.7 对比不同检测方法中获得析蜡温度值的四篇代表性论文

文献	CPM 法	DSC 法	黏度测量法	FT-IR 法
Erickson 等（1993）	√	√	√	
Kruka 等（1995）	√	√	√	
Monger-McClure 等（1999）	√	√		√
Coutinho 和 Daridon（2005）	√	√	√	√

从统计学上可以看出，采用 CPM 法测定的析蜡温度要高于 DSC 法或黏度测量法，这表明对于大多数情况下的析蜡温度，CPM 法给出的值最保守（最高估计值）。

不同于 DSC 法和黏度测量法，通常这两种方法测量的析蜡温度比 CPM 法低，而 FT-IR 法与 CPM 法测量的析蜡温度差不多，如图 2.18 所示（Monger-McClure 等，1999）。

同时可以从图 2.19 看出，黏度测量法和 DSC 法测量的析蜡温度通常差不多。

DSC 法测量的析蜡温度大于黏度测量法的实例数相似于 DSC 法测量的析蜡温度小于黏度测量法的实例数,这表明两种方法有着相似的精度。

(a) DSC 法和 CPM 法

(b) 黏度测量法和 CPM 法

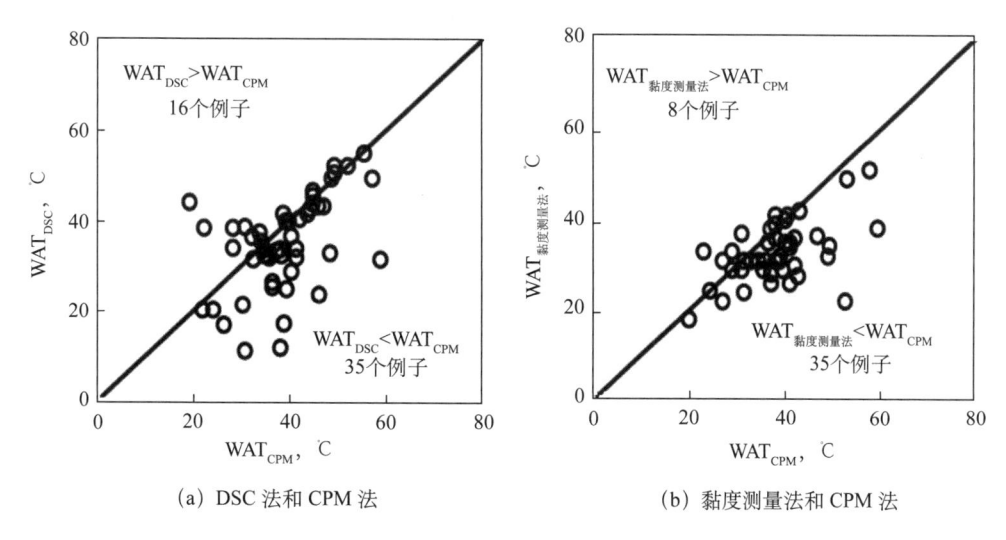

图 2.17 不同方法测量的析蜡温度对比

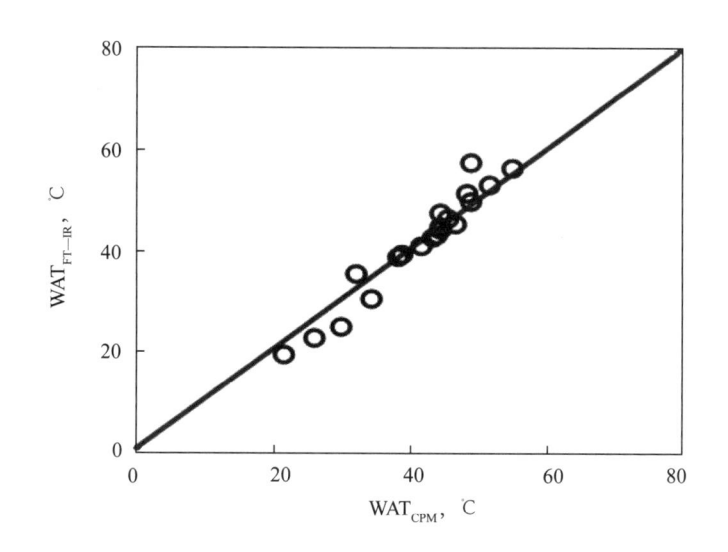

图 2.18 FT-IR 法和 CPM 法测定析蜡温度的对比

总之对于这四种方法确定的析蜡温度,大家可能想知道哪个是正确的析蜡温度。实际上这四个析蜡温度值都不正确,因为它们都没有表示出准确的析蜡起始端。CPM 法和 FT-IR 法给出的析蜡温度最接近于准确的热力学析蜡温度起始端,然而 DSC 法和黏度测量法给出的析蜡温度通常比热力学析蜡温度低很多。因此,DSC 法和黏度测量法测得的析蜡温度只是提供了一个估计温度,当井中温度低于估计温度时可能发生严重结蜡。

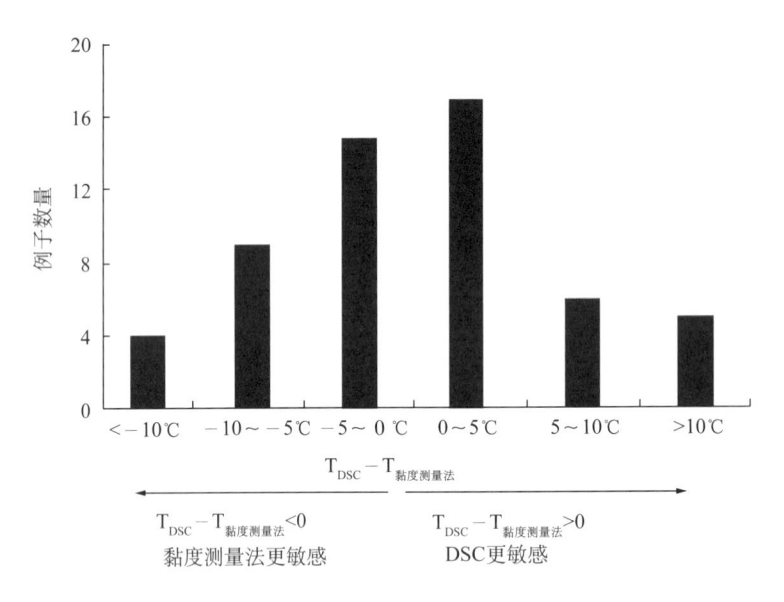

图 2.19 黏度测量法和 DSC 法测定析蜡温度的对比

2.2.7 随后发展起来的其他测试方法

为了提高 DSC 法的灵敏度,Jiang,Hutchinson 和 Imrie(2001)研究了应用温度调节的 DSC 法(TMDSC)测量析蜡温度的可行性。与常规 DSC 法相比,TMDSC 法在恒定冷却速率上叠加了一个调节温度的正弦曲线。因此,不同时间的温度和 TMDSC 法的冷却速率可用式(2.3)表示。

$$T = T_0 - \beta t + A_\text{T} \sin(\omega t)$$
$$\frac{\mathrm{d}T}{\mathrm{d}t} = -\beta + \omega A_\text{T} \cos(\omega t) \tag{2.3}$$

$-\beta$ 项表示恒定冷却速率,$\omega A_\text{T}\cos(\omega t)$ 项表示冷却速率中由 TMDSC 法引入的附加波动。理论上,冷却速率中的附加波动提高了析蜡温度附近的结晶速率。遗憾的是,Jiang 等人的研究成果还没有证明 TMDSC 法比传统的 DSC 法有显著改善(Coutinho 和 Daridon,2005)。

测量析蜡温度的其他方法包括 NIR 散射法、X 射线 CT 法、密度测定法和过滤堵塞法。表 2.8 总结了关于这些方法的原理和探测极限的详细情况。同时还给出了应用这些方法检测析蜡温度的样本研究。

表2.8 检测析蜡温度四种方法的原理、检测极限和样本研究的总结

方法	原理	检测极限	样本研究
NIR 散射法	固体蜡晶体可以散射近红外光谱光	理论上比 CPM 敏感，可以检测 55 纳米大小蜡的晶体	Paso 等人（2009）
X 射线 CT 法	固体蜡晶体比液体体积有一个更高的密度	与 ASTM 差不多，但可以检测黑原油的蜡表面温度，不能使用 ASTM 分析得到	Karacan, Demiral, 和 Kok（2000）
密度测定法		与 DSC 和黏度测定法相当	Alcazar-Vara 和 Buenrostro-Gonzalez（2011）
过滤堵塞法	固体蜡晶体大于 5μm，堵塞孔隙尺寸为 5μm 过滤器，导致压差的显著提升	与 CPM 相当	Monger-McClure 等人（1999）

2.3 析蜡曲线测定

2.1 节的研究表明析蜡温度取决于由固体蜡出现引起的物理性质变化。事实上，一些物理性质的变化与实际固体蜡含量成正比或者可以很好地正相关。因此，这些物理性质的变化，除了能测试析蜡温度，也提供了关于在低于析蜡温度下任意温度时的析蜡量信息和析蜡温度这些非常重要的信息片段，如图 2.20 所示。

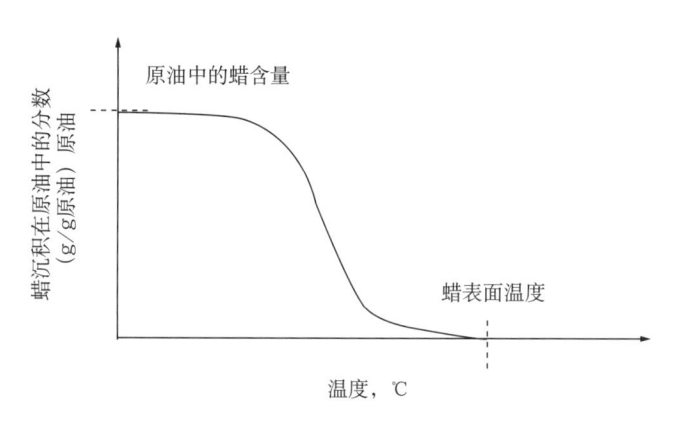

图 2.20 原油析蜡曲线的典型实例

本书中 WPC 记为析蜡曲线。表 2.9 列举了与含蜡量相关的性质以及相应的直接测量这些性质的实验方法。

表2.9 描述析蜡曲线的不同实验方法的总结

方法	直接测量的性质	关于沉淀固体蜡的数量	实例
DSC法	由于沉积的热流	沉积期间释放的热流量直接成正比于蜡沉积的量	Hansen等人（1991）；Elsharkawy等人（2000）；Martos等人（2008，2010）；Coto, Martos, Espada, Robustillo, Peña等人（2011）；Coto, Martos, Espada, Robustillo, Merino-García等人（2011）
NMR法	共振峰强度	峰值强度直接正比于固相中氢原子的数量	Pedersen, Hansen, Larsen, Nielsen, 和 RØnningsen（1991）
FT-IR法	傅立叶变换红外光谱吸光强度	典型的傅立叶变换红外光谱吸光强度是直接正比于固体蜡的量的	Alcazar-Vara 和 Buenrostro-Gonzalez（2011）；Roehner 和 Hanson（2001）

2.3.1 差示扫描量热法（DSC法）

生产实践中析蜡曲线通常用 DSC 法测量。图 2.21 所示的是冷却过程中含蜡油的 DSC 热谱图。

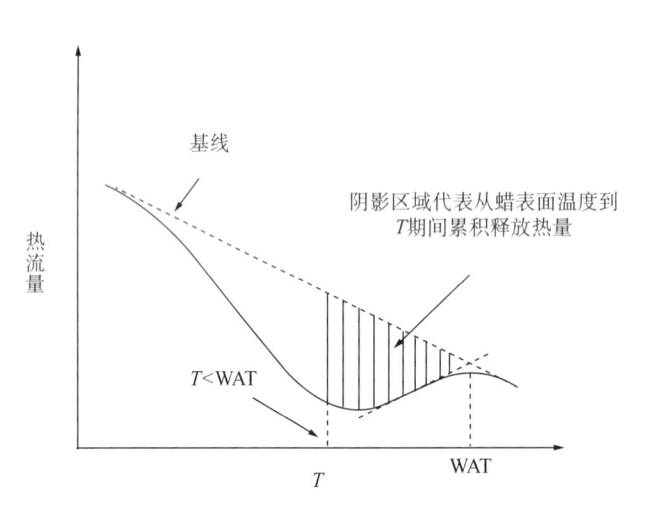

图 2.21 含蜡原油的典型 DSC 热谱图

正如之前 2.1.5 节中讨论的，DSC 热谱图中放热曲线由于析蜡偏离了基线。从析蜡开始到一定温度下的累计放热量可以在热谱图与基线包围的区域内通过积分获得，如图 2.21 所示。这种累积放热量（$q_{\text{WAT}-T}$）与含蜡量有关，含蜡量指的是从高于析蜡温度时的温度到特定温度 ω_{wax} 下已经析出的蜡量，见式（2.4）。

$$\omega_{\text{wax, WAT}\to T} = \frac{q_{\text{WAT}\to T}}{\Delta H_{\text{crystallization}}} \quad (2.4)$$

根据式（2.4），已知结晶热 $\Delta H_{\text{crystallization}}$，可以计算出温度从析蜡温度冷却到温度 T 时已经析出的含蜡量。应该注意的是，确定式（2.4）中合适的 $\Delta H_{\text{crystallization}}$ 值是件不容易的事。根据蜡的来源，其结晶焓的变化范围为 100 ~ 300J/g。此外，不同温度下的析蜡链长有所不同，因此结晶焓也不同。

在缺少额外信息的情况下，通常用下面关于结晶焓的假设条件来计算析蜡曲线：

（1）蜡结晶焓是常数（不随温度发生变化）。

（2）结晶焓的值为 200J/g。

这两个假设可能都无效，因此析蜡曲线中引入了 DSC 跟踪产生的不确定性。如果我们也知道原油中总含蜡量，就可以提高 DSC 析蜡曲线的准确性。已知原油中总含蜡量，可以一直测量 DSC 析蜡曲线，直到在低温区域内匹配测量的总含蜡量为止。总蜡含量通常使用公认的标准进行测量，如 UOP 46-64 或 UOP 46-85，以及其他更先进的技术，如 NMR 法。

需要注意的是，使用总含蜡量测量整个曲线仍需假定不同温度下的析蜡结晶热是相同的。如果蜡的碳数分布广，这种假设可能无效。析蜡的碳数随温度变化。因此，用于计算固体量的结晶热也随温度变化。为了确定不同温度下使用多少结晶热值来计算析蜡量，需要知道不同温度下的蜡组分。该信息可以通过热力学模型进行预测。第三章将讨论使用预测性热力学模型来提高 DSC 曲线的准确性。表 2.10 总结了表征析蜡曲线的代表性研究。

表2.10 DSC析蜡曲线特征的实验研究总结

文献	示例特点
Hansen 等人（1991）	北海原油（在总共 17 种原油中的第 3 种）
Juyal 等人（2011）	含有挥发性原油的合成油和混合气体准备匹配现场原油中闪蒸气体成分
Martos 等人（2010）	巴西原油
Martos 等人（2008）	巴西原油

2.3.2 NMR 析蜡曲线特征

本节目的不是从光谱学角度详细说明 NMR 原理，而是在仪器分析和有机化学参考书中找到有用的 NMR 基础知识。本节将只关注与确定析蜡曲线相关的核磁共振原理。

当化学物质处于外部磁场 B_0 时，质子核自旋与外部磁场相同或相反方向进行排列。与 B_0 同向（平行自旋）旋转的能量比与 B_0 反向（反平行自旋）旋转的能量略低。因此，与 B_0 方向相同的自旋态略多于其他自旋态，这导致了与 B_0 相同的方向上出现净磁化。当垂直于 B_0 用第二外加磁场 B_1 进行干扰时，净磁化以相对于 B_0 的独特频率 v 发生。原子核旋进产生了可检测的交流电（AC）。当核磁自旋因外磁场 B_1 的扰动而发生"弛豫"时，交流电强度将指数递减。NMR 析蜡曲线的确定是基于质子在固态和液态的弛豫特性差异。当质子受高频率脉冲激励后，相对于周围平衡状态，质子通过放射多余能量来弛豫其平衡态，从而造成 NMR 强度衰减 [自由感应衰减（FID）]。固态质子的弛豫时间较短。由于出现固态质子，因此强度迅速衰减到可忽略水平。相比于固态质子，液态质子的弛豫时间更长，因此它们的 FID 有一个相对较长的"尾巴"。

在原油内固体蜡悬浮中，固相和液相中的质子弛豫有助于 FID，因此整个样本的 FID 是液相 FID 和固相 FID 之和。图 2.22 为悬浮于原油中的固体蜡混合物的典型 FID，刚好在脉冲激励后，观察到固相质子的快速 FID。在固相质子信号衰减到可忽略水平后，可以观察到由于液相质子相对较慢的 FID 产生的长"尾巴"。

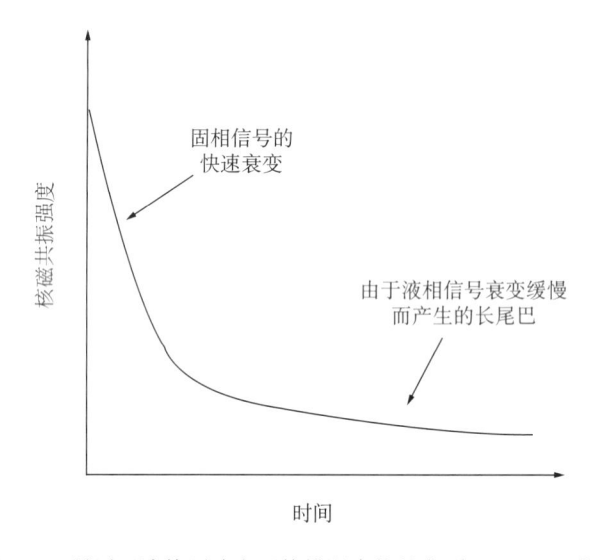

图 2.22　悬浮于液体原油中固体蜡混合物的典型 NMR FID 曲线

在确定析蜡曲线的典型 NMR 实验中，相同样品的 NMR 强度需测量两次：（1）在高频脉冲（$t=t_1$）后立即测量；（2）在固态 FID 接近 0 后（$t=t_2$）测量。由于固相质子，强度很快衰减到可忽略水平，因此第二个 NMR 强度只包含液相的贡献，而第一个强度包含了固体和液体的贡献。基于以下数学推导，两个强度可以用来反算样品的固相比例。

设 t_1 和 t_2 时各自的总强度分别为 $I(T, t_1)$ 和 $I(T, t_2)$。$I(T, t_1)$ 和 $I(T, t_2)$ 可以用来表示固相组分和液相组分的线性组合，见式（2.5）：

$$\begin{aligned} t_1 &: I(s,t_1) + I(l,t_1) = I(T,t_1) \\ t_2 &: I(s,t_1)\exp-\frac{t_2}{\tau_s} + I(l,t_1)\exp-\frac{t_2}{\tau_l} = I(T,t_2) \end{aligned} \quad (2.5)$$

作为 NMR 信号的强度，$I(s, t_1)$，$I(l, t_1)$，$I(s, t_2)$，和 $I(l, t_2)$ 与固体和液体的数量成比例，通过同时求解式（2.5），可以确定固体和液体的相对含量。

Pedersen，Hansen 等人（1991）应用 NMR 方法测量了 17 种原油的析蜡曲线。使用 NMR 法测量的详细步骤可以在他们已发表的论文中查到。

本节内容讨论了通过 NMR 法测量析蜡曲线。使用 NMR 法在特定温度下测量固体含量需要约 10s。在样品重复测量的固体质量百分比中，NMR 测量预计约有 0.2% 的绝对标准偏差。

2.3.3 FT-IR 析蜡曲线的特性

正如 2.1.3 节中的讨论，长链烷烃在约 720cm^{-1} 处吸收红外线。在固体烷烃和液体烷烃的混合物中，红外线吸收强度是固相烷烃和液相烷烃贡献的线性组合，如式 2.6 所示。

$$I_{\text{total}} = x_{\text{liquid,amorphous}} I_{\text{liquid,amorphous}} + (1 - x_{\text{liquid,amorphous}}) I_{\text{crystalline}} \quad (2.6)$$

固体烷烃吸收的强度 $I_{\text{crystalline}}$ 比液相或非晶形烷烃 $I_{\text{liquid, amorphous}}$ 大约 50%（Snyder 等，1986）。因此，当冷却后结晶蜡形成时，由于固体蜡的贡献，观察到强度显著增加，正如图 2.9 和图 2.23 所示。

如图 2.23 所示，当超过 33℃ 的析蜡温度时，原油强度仅归功于液相吸光度。因此，从高于析蜡温度到低于析蜡温度时强度的线性外推（如虚线部分表示）给出了温度低于析蜡温度时液相贡献的估计值。测量强度和外推法的差与混合物中固体数量成正比。因此，这种差额可以用来反算固体析出量。关于 FT-IR 法测量析蜡曲线的应用，Alcazar-Vara 和 Buenrostro-Gonzalez（2011），以及 Roehner 和 Hanson（2001）给出了两个典型的研究。

目前为止，已经讨论了三种确定析蜡曲线的方法：NMR 法，FT-IR 法和 DSC 法。此时，读者可能会对不同方法确定的析蜡曲线的对比感兴趣。遗憾的是，报告这些方法应用的研究各自使用了不同的原油，缺乏为了对比这三种方法测量的析蜡曲线而使用单个原油的综合研究。

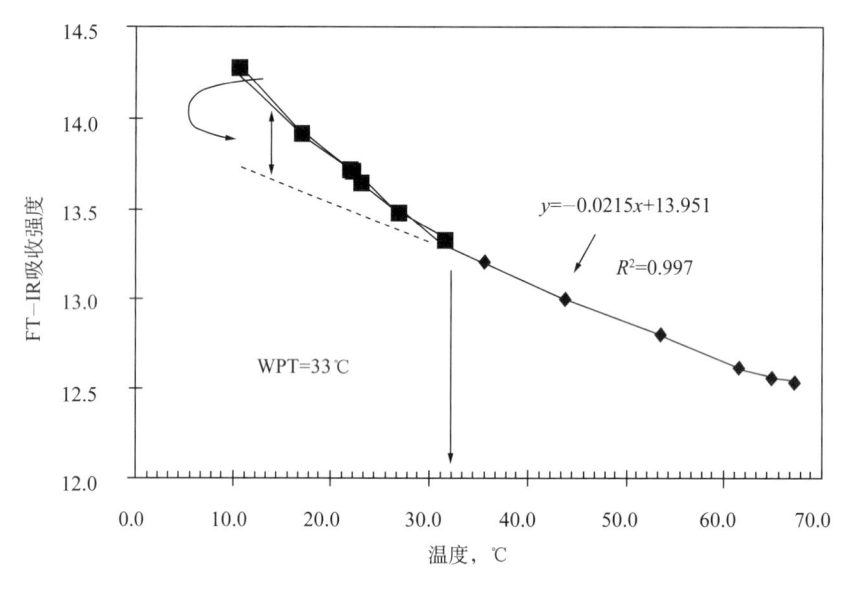

图 2.23　墨西哥湾原油 FT-IR 吸收强度与温度的关系

(来自 Roehner, R. M. 和 Hanson, F. V., Energy 和 Fuels, 15, 756–763, 2001.)

2.3.4　基于分离的析蜡曲线确定方法

在 2.2.1 节到 2.2.3 节中，讨论了基于固相和液相之间光谱学差异（FT-IR 法和 NMR 法）和相变期间热效应（DSC 法）的析蜡曲线确定。这些实验方法背后的理论有点抽象，没有大量时间和精力可能很难理解。人们可能想知道是否完全有必要依赖精密仪器（如 FT-IR、NMR 和 DSC）去描述看似简单的液相主体中溶解蜡析出的相变过程。此外，人们可能会尝试将原油冷却到析蜡温度以下的不同温度，并基于每个温度下固体结块析出的质量确定析蜡曲线。然而，以这种方式确定的析蜡曲线却由于下列原因不可靠：蜡分子析出引起蜡晶体成长为连锁网络，该连锁网络能圈闭液体原油。因此，"固体"结块的质量实际上表示"真正的"析出固体和圈闭液体的总质量。

意识到固体结块可以圈闭液体原油的问题，可以通过进一步完成去除圈闭油或析出固相的附加特征来改善上述程序以量化其"真正的"固体含量。结合圈闭油合理去除或固体结块特征，可以用基于分离固相和液相的推荐程序来获得允许精度的析蜡曲线。表 2.11 列举了典型的研究，这些研究中的析蜡曲线是基于从液体主体中分离固体结块得到的。

表2.11 应用基于分离方法表征析蜡曲线的典型研究总结

文献	分离技术	滞留液体的进一步去除	固相的特性
Burger, Perkins, 和 Striegler（1981）	离心分离	甲苯清洗	未处理
Coto, Martos, Pena, Espada 和 Robustillo（2008）	过滤	丙酮清洗	未处理
Martos 等人（2008）	过滤	丙酮清洗	通过 HTGC 描述组成，和计算成为固相的 C_{15+} 的含量
Roehner 和 Hanson（2001）	离心分离	未处理	通过 HTGC 描述固体的组成，定义了沉积蜡，其组分中正构烷烃和非烷烃比率在相同组分原油中过剩的量
Dauphin, Daridon, Coutinho, Baylère 和 Potin–Gautier（1999）Pauly, Dauphin 和 Daridon（1998）Pauly, Daridon 和 Coutinho（2004）	过滤	未处理	由 HTGC 描述固体组成，应用质量平衡计算真正的固体含量
Han, Huang, Senra, Hoffmann 和 Fogler（2010）	离心分离	未处理	由 HTGC 描述固体的组成，应用质量平衡计算真正的固体含量

已经尝试了使用甲苯或丙酮清洗固相来去除圈闭油（Burger 等，1981；Coto 等，2008），然而，不能保证使用甲苯或丙酮清洗能够完全去除圈闭油。因此，相比于"真实"析蜡曲线，清洗后获得的析蜡曲线可能仍然过高估计。图 2.24 比较了使用分步沉淀后再用丙酮清洗测量的析蜡曲线和 DSC 法测量原油样品的析蜡曲线。

可以看出，通过分步沉淀法测量的固体析出量明显大于 DSC 法的测量值，这表明丙酮清洗不能完全去除圈闭油。

为了给出更准确的析蜡曲线，Maros 等人（2008）在丙酮清洗后使用高温气相色谱法（HTGC）进一步分析了固体结块的组成特点。碳数少于 15 的正构烷烃熔点低于室温。因此，C_{15-} 石蜡通常不析出也不促进结蜡。Maros 等人基于 HTGC 法计算了固体结块的 C_{15+} 含量，并应用计算的 C_{15+} 含量来表示固体结块的"真实"固体含量。Maros 等人的方法假设碳数少于 15 的正构烷烃仅存在于圈闭液相中，而 C_{15+} 的正构烷烃存在于固相中。C_{15} 是固相石蜡中最轻的假设是纯经验的。Roehner 和 Hanson（2001）提出了确定固相中最轻正构烷烃组分更加严格的方法。通过比较正构烷烃组分在固体结块和原始油中的质量分数，他们确定了在固相中是否含有正构烷烃组分。析出的石蜡组分在固体结块中富集，因此固体结块中石蜡组分的质量分数比原油中的高。

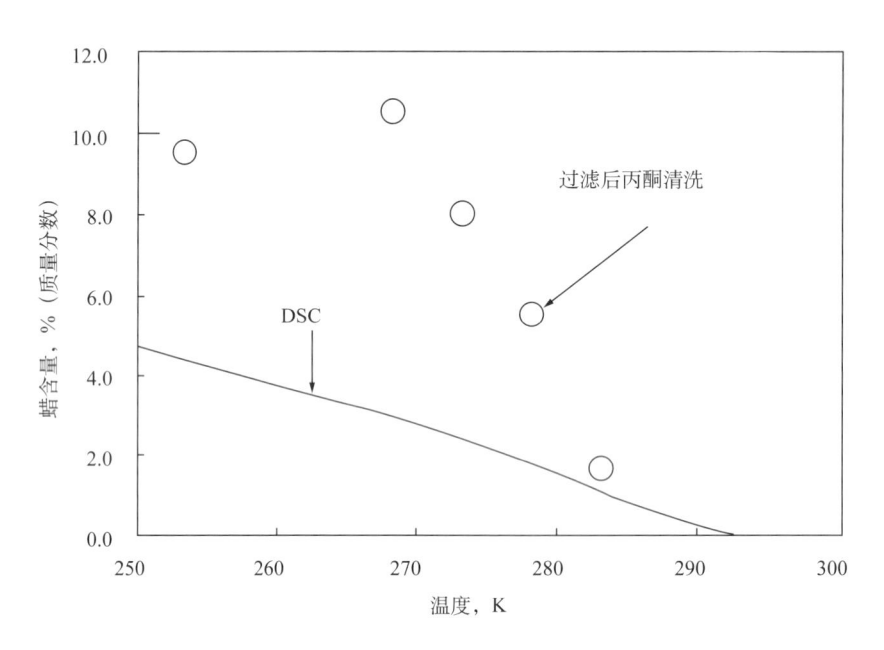

图 2.24 DSC 析蜡曲线和过滤后丙酮清洗确定的析蜡曲线之间的对比

(来自 Martos 等人，Energy 和 Fuels，22，708–714，2008.)

因此，Roehner 和 Hanson 认为 C_{i+} 的数量是真实固体含量，其中 i 是最低碳数组分，其在结块中的质量分数超过原始油中的质量分数。Martos 等人以及 Roehner 和 Hanson 都假设特定碳数组分仅存在于固相或液相中。圈闭油中轻质组分易于在液相中存在，而重质组分易于在固相中存在。然而，实际上固体结块中重质正构烷烃能够存在于固相和液相中，固体结块中重质正构烷烃可以在圈闭原油中保持溶解状态。在圈闭油中溶解的重质石蜡不应当作为固相。因此，Martos 等人以及 Roehner 和 Hanson 的方法可能仍然高估了析蜡曲线。为了说明圈闭液相中溶解的重质石蜡量，Dauphin 等（1999）、Pauly 等（1998，2004）以及 Han 等人（2010）提出了更加数学化的方法，方法中他们求解了固体结块中固体含量的质量平衡方程组。

本节内容讨论了基于分离法的析蜡曲线确定。没有恰当的结块中固体含量表征时，这些方法由于固体结块中圈闭油而易于高估析蜡曲线。拥有恰当的结块中固体含量表征时，基于分离的方法可与 DSC 法、FT–IR 法和 NMR 法测量的析蜡曲线相媲美。

2.4 析蜡表征的实验方法

除了析蜡温度和析蜡曲线，结蜡的机械性质提供了屈服应力等关于有效处理结蜡的关键信息，特定的结蜡屈服应力依赖于形成结蜡的分子结构和组成。例如，根据

Petitjean 等人（2008）的研究，结蜡屈服应力依赖于蜡分子结构。分支烷烃和环烷烃构成的结蜡（也被称为微晶蜡）通常比直链烷烃构成的结蜡（也被称为宏晶蜡）软。因此，相同碳数下，微晶蜡的结蜡比宏晶蜡的结蜡更容易处理。拥有析蜡结构表征信息时，可以提供关于机械性质和有效处理结蜡的建议。表 2.12 总结了表征析蜡分子结构的分析方法。在表 2.12 中，也总结了结蜡中富集宏晶蜡的预期实验结果。

表2.12 表征结蜡组成和结构的实验方法总结

分析方法	可测量的	在富含宏晶蜡的沉积情况下预期的实验结果	代表研究
DSC 法	结晶热和熔点	融化高温与狭窄的融化温度范围	Alghanduri 等人（2010）
XRD 法	衍射峰	可以观察到尖锐的衍射峰	Alghanduri 等人（2010）
HNMR 法	甲基数（$-CH_3$）和亚甲（$-CH_2-$）	由于很少的分支，甲基和亚甲基比例较低	Musser, Kilpatrick, 和 Carolina（1998）
CNMR 法	一级碳数（$-CH_3$），二级碳原子数（$-CH_2-$），三级碳原子数（$-CH-$）。芳香环上的碳原子数和环数	70%的碳原子以第一级（$-CH_3$）和第二级碳（$-CH_2-$）的形式存在。第三级碳和环上的碳含量低	Musser 等人（1998）；Alghanduri 等人（2010）
FT-IR 法	在 720cm^{-1} 与长直链亚甲基吸收强度和亚甲基的组分	大于 60%的直链亚甲基	Musser 等人（1998）
元素分析法	氢原子数和碳原子数的比例（H/C）	值为 2 的高 H/C 比	Musser 等人（1998）；Alghanduri 等人（2010）
质谱分析法	蜡的质量分布	质谱分析峰值覆盖范围 350~600 a.u，两个相邻峰值是 14a.u 距离（一个亚甲基单位的摩尔质量）	Musser 等人（1998）

需要注意的是，应用表 2.12 中所列的方法表征析蜡之前，为了去除圈闭油，应当使用先进的分离法净化析蜡，例如液柱分离法。另外，还将得到析蜡和圈闭油的平均性质，而不是从析蜡表征中获得的析蜡性质。

此外，结蜡屈服应力也依赖于结蜡的组成。Bai 和 Zhang（2013a）报道了结蜡屈服应力随结蜡碳数分布变化的函数。通常使用 HTGC 法得到结蜡组成表征。

2.5 小结

本章讨论了利用实验方法表征以下关键的析蜡信息：

(1) 析蜡温度。

(2) 析蜡曲线。

析蜡温度给出了关于管道中结蜡起始点的信息。析蜡曲线表征了原油中蜡的溶解极限，并因此影响结蜡的浓度驱动力。析蜡温度和析蜡曲线都是结蜡建模所需的极其重要的输入参数。这些实验特性也常作为确定结蜡热力学模型基准点的参考。也简要地介绍了析蜡的组成和分子结构表征，因为这个表征给出了关于结蜡机械性质的一些信息。

应当注意的是，析蜡信息的表征并不总是可能的，而且变得越来越困难，在实际现场操作中有时几乎不可能。当结蜡实验表征困难时，通常使用建模方法来预测结蜡特点。第三章将讨论析蜡特点的热力学建模。

3

析蜡热力学建模

3.1 引言

第二章中，我们讨论了使用不同实验方法来表征析蜡。析蜡信息不仅是识别油田是否有结蜡问题不可或缺的因素，也是量化结蜡问题严重程度的重要因素。

众所周知实验自身存在缺陷。首先，成本或时间就是一个问题。例如，富含轻质烃的现场原油的析蜡表征需要在加压容器中进行，这通常不容易获得而且进行实验花费很大，更重要的是结果不一定可靠。例如，对于低含蜡量的原油，测量析蜡温度和析蜡曲线的不确定性变大，结果可能误导。虽然不是经常发生，但实际上可能发生样品误操作或实验条件设计不合理。因此，如果仅依靠实验室测量，可能会发现自己要面对使用类似测试方法却得到两种完全不同的结果。这种情况下，如何衡量每个结果的有效性？而不用花费大量的时间和成本进行第三次测试，再次测试也可能会出现不确定性和错误。现今技术条件下，有时实验方法是不可能实现的：如何能够方便地从现场中近海海底管道得到结蜡样本来确定结蜡成分，而这是确定结蜡屈服应力的重要信息，从而优化清管频率？

因此，需要应用理论模型作为实验替代，避免实验测量中的不确定性和误差。当以理论建模为基础时，实验数据结果通常给评估有关现场结蜡问题提供了更加准确的答案。本章将讨论析蜡热力学模型，并证明其如何更好地帮助我们解释实验特性。

析蜡理论研究开始于 20 世纪 80 年代末（Won, 1986）。数十年后，析蜡热力学理论逐渐成熟，并且在常见安全流动保障实践期间，出现了一些用于蜡热力学建模的商业软件。然而，在许多流动保障专家们眼里，这些软件包依然被视为"黑盒子"。本章将首先对析蜡热力学理论进行详细分析（见 3.2 节至 3.4 节）。了解这些理论能够帮助我们更好地理解不同商业结蜡热力学模型之间的差异,这些将在3.5节中详细讨论。3.6节将突出指出几个新型的蜡热力学模型的应用。

3.2 析蜡基本原理

析蜡建模并不容易,因为蜡与原油一样并不是纯净物。相反,蜡通常指的是一组碳数大于15的正构烷烃,而油在这种情况下仅仅指的是系统中其他的一切。两组物质中包含了成百上千种组分。其中低碳数轻质组分具有挥发性,压力降低时易挥发,例如甲烷、乙烷、丙烷等。另一方面,蜡组分更重,并且当温度低于析蜡温度时会析出。图3.1显示了典型原油的代表性相图。

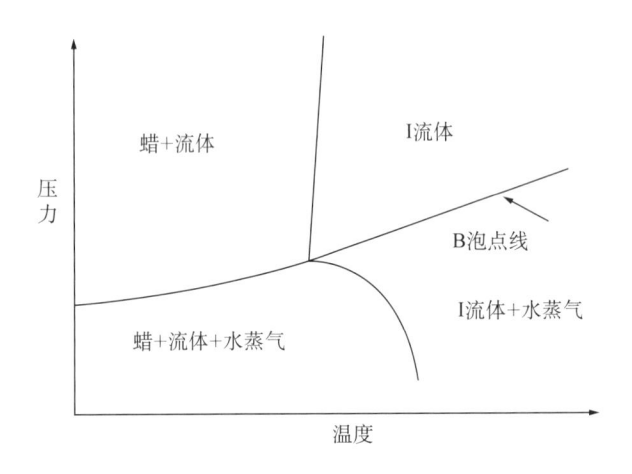

图3.1 析蜡原油的典型相图

(来自 Leontaritis, K. J. Fuel Sci. Technol. Int'l., 14, 13–39, 1996)

析蜡热力学建模用于描述由 N 种烃类组成的现场原油的析蜡特征,包括用于计算下列 $3N+3$ 组总量的三相(气、液、蜡)模拟:

(1) 气相总量 (n^V);
(2) 液相总量 (n^L);
(3) 固相总量 (n^S);
(4) 气相摩尔组成 ($y_1, y_2, \cdots, y_i, \cdots y_n$);
(5) 液相摩尔组成 ($x_1, x_2, \cdots, x_i, \cdots x_n$);
(6) 固相摩尔组成 ($s_1, s_2, \cdots, s_i, \cdots s_n$)。

在 $3N+3$ 个变量中,固相 n^S 的数量和固相摩尔组成 ($s_1, s_2, \cdots, s_i, \cdots s_n$) 对析蜡特征的影响最大。与现场原油相比,地面脱气原油(STO)通常由于储罐上游的分离器中去除了气体而造成轻质馏分不足。因此，STO 由于不存在气相，其蜡热力学建模有时需要液—固平衡模拟。图 3.2 显示了完成蜡热力学建模的关键步骤。

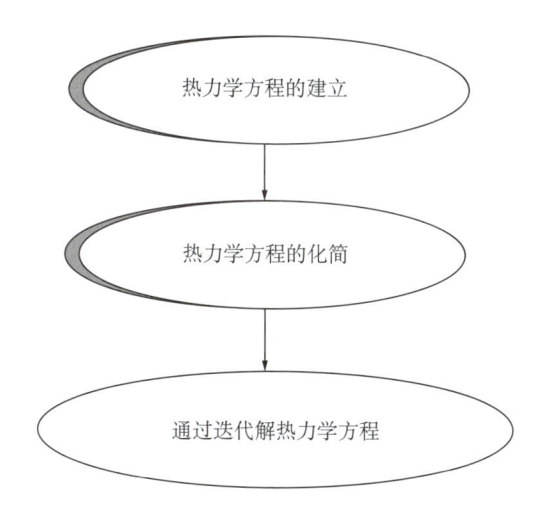

图 3.2 蜡热力学建模步骤的流程图

本章剩余部分中将详细介绍图 3.2 所示的前两步。

3.3 热力学建模步骤 1：建立热力学方程

在相平衡描述中，需要 $3N+3$ 个方程来确定前面提及的 $3N+3$ 个变量。因此，蜡热力学建模的第一步是确定在热力学建模期间可以解出 $3N+3$ 个方程。所有商业热力学建模软件可以自动构建这些方程。然而，对大多数用户来说，这些方程是"黑盒子里的内容"。另一方面，了解软件包里使用的理论对大家判断性地解释模型结果是有必要的。本节我们介绍基于热力学第一定律建立的方程组。

在热力学建模期间，可以将求解的 $3N+3$ 个方程分为 3 个集合：相平衡方程组，质量守恒方程组和本构方程组。第一个方程组集合，即相平衡方程组，是基于"相同逸度状态"建立的，如图 3.3 所示。

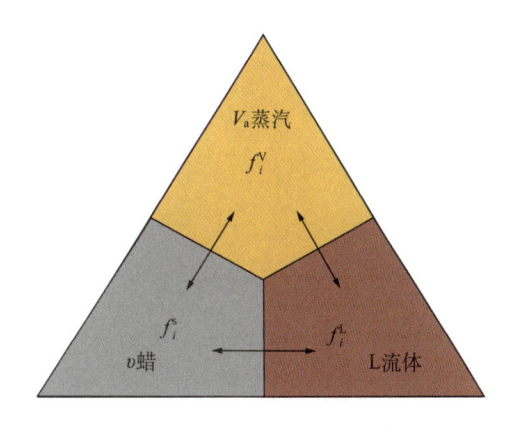

图 3.3 气相、液相和析蜡之间的三相平衡

在热力学平衡中，气相、液相和固 (当达到相平衡时，不同相中每个组分 i 的逸度应该相等。)

相中组分 i 的逸度必须相同。

$$f_i^V = f_i^L = f_i^S \tag{3.1}$$

组分 i，f_i^V，f_i^L，f_i^S 的逸度取决于相的温度 T、压力 p 和摩尔组成。方程（3.2）阐明了 f_i^V，f_i^L，f_i^S 与 T，p 和摩尔组成的相互关系：

$$\begin{aligned} f_i^V &= f_i^V(T,p,y_1,y_2,...,y_i,...y_n) \\ f_i^L &= f_i^L(T,p,x_1,x_2,...,x_i,...x_n) \\ f_i^S &= f_i^S(T,p,s_1,s_2,...,s_i,...s_n) \end{aligned} \tag{3.2}$$

令不同相中组分逸度相同，$f_i^V = f_i^L = f_i^S$，对于不同相中（$x_i s$，$y_i s$ 和 $s_i s$）的摩尔组成可以形成相平衡方程：

相平衡方程：

$$\begin{aligned} f_i^V &= f_i^V(T,p,y_1,y_2,...,y_i,...y_n) = f_i^L = f_i^L(T,p,x_1,x_2,...,x_i,...x_n) \\ f_i^L &= f_i^L(T,p,x_1,x_2,...,x_i,...x_n) = f_i^S = f_i^S(T,p,s_1,s_2,...,s_i,...s_n) \end{aligned} \tag{3.3}$$

对于 N 组分的混合物来说，可以建立总计 $2N$ 个以式（3.3）形式的方程。

第二个方程集合，质量守恒方程组，是基于各组分 i 的物质守恒。气相、液相和固相中组分 i 的总量必须与原始状态中组分 i 的数量相同：

$$n^V y_i + n^L x_i + n^S s_i = n_i^F \tag{3.4}$$

分别对 N 个组分建立物质守恒，可以得到总计 N 个以式（3.4）形式的方程。

摩尔组成 $(y_1, y_2, \cdots, y_i, \cdots y_n)$，$(x_1, x_2, \cdots, x_i, \cdots x_n)$ 和 $(s_1, s_2, \cdots, s_i, \cdots s_n)$ 也应当满足下列 3 个本构方程：

$$\begin{aligned} \sum_i^N y_i &= 1 \\ \sum_i^N x_i &= 1 \\ \sum_i^N s_i &= 1 \end{aligned} \tag{3.5}$$

组合以式（3.3）形式的 $2N$ 个相平衡方程、以式（3.4）形式的 N 个物质平衡方程和以方程（3.5）形式的 3 个本构方程得到了 $3N+3$ 个方程。同时求解这些方程用于确定前面提及的 $3N+3$ 个量：n^V，n^L，n^S，$y_i s$，$x_i s$，$s_i s$。

尽管已经认定可以求解 $3N+3$ 个方程，式（3.3）中相平衡方程组的数学形式仍然未做讨论。

现在将讨论这些相平衡方程的建立。

所有现存的蜡热力学模型所建立的气—液相平衡方程都是基于气—液混合物的状态方程。基于状态方程的气—液逸度的模型开发可以在所有现代的热力学文章中轻易找到（Elliott 和 Lira，2012；Sandler，2006），因此这里不再做详细介绍。然而需要指出的是，在蜡热力学建模中用于状态方程的混合物参数需要气—液相中每个组分的状态方程参数。例如，在 Lira–Galeana，Firoozabadi 和 Prausnitz（1996）建立的蜡热力学模型中，逸度计算采用了 Peng–Robinson 状态方程：

$$p = \frac{RT}{V - b_{\text{mixture}}} - \frac{a_{\text{mixture}}}{V(V + b_{\text{mixture}}) + b_{\text{mixture}}(V - b_{\text{mixture}})} \quad (3.6)$$

对于基于纯组分 a 和 b 的混合物，可以使用 Chueh 和 Pransnitz（1967）建立的混合定律来计算 a_{mixture} 和 b_{mixture}，并且混合定律特色性地包含了用于调整模型的经验常数，使得模型能满足实验测量。

因为没有适用于固相的状态方程，所以固—液相的平衡方程需要以不同方式建立。我们需要逐步地建立固 — 液相平衡方程。首先，根据纯液体的逸度和从纯液体到纯固体的吉布斯自由能变化来计算纯固体逸度：

$$\ln \frac{f_{i,\text{pure}}^{\text{L}}}{f_{i,\text{pure}}^{\text{S}}} = \frac{\Delta H_i}{RT} 1 - \frac{T}{T_i^{\text{f}}} + \frac{\Delta G p_i}{R} 1 - \frac{T_i^{\text{f}}}{T} + \frac{\Delta G p_i}{R} \ln \frac{T_i^{\text{f}}}{T} + \int_{p_0}^{p} \frac{\Delta V_i}{RT} dp \quad (3.7)$$

在非理想的固／液混合物中，组分 i 的摩尔分数需要通过活度系数进行修正，该系数是用来考虑化学势上分子间相互作用的影响。

$$\begin{aligned} f_i^{\text{L}} &= x_i r_i^{\text{L}} f_{i,\text{pure}}^{\text{L}} \\ f_i^{\text{S}} &= s_i r_i^{\text{S}} f_{i,\text{pure}}^{\text{S}} \end{aligned} \quad (3.8)$$

将式（3.7）代入式（3.8）中得到

$$\ln \frac{f_i^{\text{L}}}{f_i} = \ln \frac{x_i r_i^{\text{L}}}{s_i r_i^{\text{S}}} + \frac{\Delta H_i}{RT} 1 - \frac{T}{T_i^{\text{f}}} + \frac{\Delta G p_i}{R} 1 - \frac{T_i^{\text{f}}}{T} + \frac{\Delta G p_i}{R} \ln \frac{T_i^{\text{f}}}{T} + \int_{p_0}^{p} \frac{\Delta V_i}{RT} dp \quad (3.9)$$

γ_i^{L} 和 γ_i^{S} 是混合物组成的函数。因此，式（3.9）是以液—固相组成 x_i 和 s_i 为自变量的方程

$$\ln \frac{s_i r_i^{\text{S}}(s_1, s_2, ..., s_i, ...)}{x_i r_i^{\text{L}}(x_1, x_2, ..., x_i, ...)} = \frac{\Delta H_i}{RT} 1 - \frac{T}{T_i^{\text{f}}} + \frac{\Delta G p_i}{R} 1 - \frac{T_i^{\text{f}}}{T} + \frac{\Delta G p_i}{R} \ln \frac{T_i^{\text{f}}}{T} + \int_{p_0}^{p} \frac{\Delta V_i}{RT} dp \quad (3.10)$$

不同热力学模型使用了不同理论来分析液—固相的非理想性，以及估计基于组分的活度系数。根据理论复杂度，式（3.10）的数学形式可能很复杂，通常需要迭代求解。一些模型通过假定液相或固相为理想混合物来避免模型的复杂度。

除了相的非理想性，在固—液热力学平衡建模期间，下述的两个关于正构烷烃的固—液相变问题也值得关注：

（1）在熔点以下，正构烷烃出现二次相变。

（2）正构烷烃混合物在平衡状态存在多种固相方式。

现在将讨论正构烷烃的两次相变特点和在蜡固—液平衡建模中的重要性。

正构烷烃的二次相变是由 Dirand 等人（2002）使用 DSC 法在实验研究中观察到的，通过纯 $n\text{-}C_{23}H_{48}$ 的相变来举例说明。图 3.4 表示 $n\text{-}C_{23}H_{48}$ 在冷却期间出现焓变。

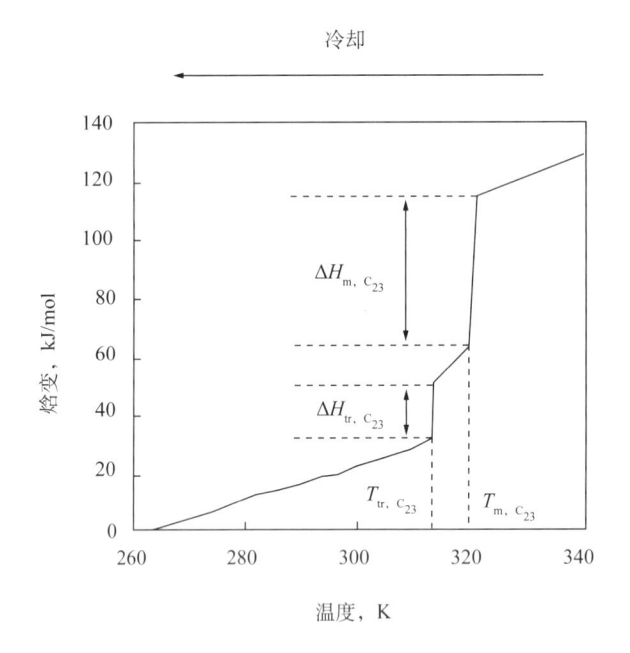

图 3.4 冷却时 $n\text{-}C_{23}H_{48}$ 的焓变

（来自 Dirand, M. 等, J. Chem. Thermodyn., 34, 1255–1277, 2002.）

如焓变所示，在其熔点约 320K 时，$n\text{-}C_{23}H_{48}$ 经历了从液相到固相的相变。结晶焓在相变期间被释放。二次相变在约 313K 时发生。二次相变的焓在过渡期释放。含蜡原油的浊点通常低于二次相变温度（Coutinho 和 Stenby，1996）。因此，当计算 Gibbs 自由能变化时，应当包括熔化焓的总和二次相变的焓，见式（3.11）。

$$\Delta H = \Delta H_{i,\text{m}} + \Delta H_{i,\text{tr}} \tag{3.11}$$

除了二次相变现象，不同结晶结构和组分的多个不相混固相可以在低于析蜡温度时共存，进一步使液—固相平衡的热力学建模复杂化。正构烷烃的固相混溶性的 Kravchenko 经验法则指出：只有当碳数差异小于烷烃碳数的 6% 时，两种不同碳数的正构烷烃之间才能发生完全的固相混溶（Kravchenko，1946）。Snyder, Conti, Dorset 和 Strauss（1993），Snyder, Goh, Srivatsavoy, Strauss 和 Dorset（1993），Snyder 等人（1994）用实验研究证实了在低于析蜡温度时存在多个不相混的固相。图 3.5 表示 C_{30} 和 C_{36} 二元混合物的相图。

由相图可以看出，当温度降低时，首先形成了六角固相。当温度进一步降低时，六角相开始转变为正交相。根据系统摩尔组成，六角相和正交相能够在过渡期间共存。当温度大约低于 55℃ 时，两种正交相可以与富于两种烷烃之一的每个正交相共存。

多重固相的存在进一步增加了蜡热力学建模的复杂性，当每个固相中特定组分 i 的逸度相同时，使得更多的相平衡方程需要求解。

正如本节所讨论的，液相非理想性、固相非理想性、多重固相存在特征在蜡热力学建模中非常重要。

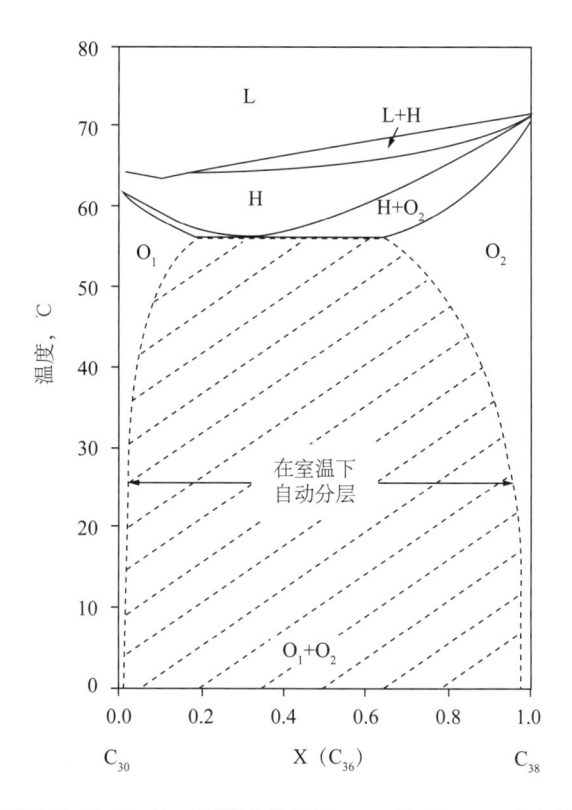

图 3.5 不同 C_{30} 浓度下 C_{30} 和 C_{36} 的二元混合物相图：L：液相；H：六角结晶；O_1：富于 C_{30} 的正交结晶；O_2：富于 C_{36} 的正交结晶

（来自 Snyder, R. G. 等，J. Phys. Chem., 96, 10008–10019, 1992.）

大多数已发表的析蜡模型都进行了简化假设，典型的是理想化液相和固相或者局限于单一固相。Coutinho（1999）使用 UNIversal QUAsiChemical（UNIQUAC）方法建立了预测固—液非理想性的模型，或许这是热力学已发表方法中最完整的。

3.4 热力学建模步骤 2：简化热力学方程

表 3.1 总结了应用于各种模型中的简化。本节描述简化模型包括 Conoco 模型，Won 模型，Pedersen 模型，Lira–Galeana 模型（Erickson, Niesen 和 Brown, 1993; Lira–Galeana et al., 1996; Pedersen, Skovborg 和 Rønningsen, 1991, Won, 1986）。3.4 节将致力于描述 Coutinho 模型（Coutinho, 1998, 1999; Coutinho 和 Daridon, 2001; Coutinho, Edmonds, Moorwood, Szczepanski 和 Zhang, 2006; Coutinho 和 Stenby, 1996; Daridon, Coutinho 和 Montel, 2001; Pauly, Daridon 和 Coutinho, 2004）。

表 3.1　关于相非理想性和多固相存在的不同热力学模型处理方法的总结表

模型	考虑液相非理想？	考虑固相非理想？	考虑多种固体相？	考虑相二次转化？	合并商业软件包？
Concco 模型	不	不		不	GUTS
Won 模型	是，普通的解决方法	是，普通的解决方法	不	不	不
Pedersen 模型	是，普通的解决方法	是，普通的解决方法	不	不	PVTsim
Lira–Galeana 模型	是，通过 EOS	不	是，通过相稳定性分析	不	不
Coutinho 模型	是，Flory 自由体积理论和 UNIQUAC 泛函组系数	是，通过 Wilson 模型和 UNIQUAC 模型	是，通过 UNIQUAC 模型	是	Multiflash

3.4.1 假定单一固相的热力学模型

最早关于析蜡热力学建模可以追溯到 Won 在 20 世纪 80 年代的研究。Won 基于简化固—液相平衡方程建立了液—固平衡模型：

$$\ln \frac{s_i \gamma_i^S}{x_i \gamma_i^L} = \frac{\Delta H_i}{RT}\left(1 - \frac{T}{T_i^f}\right) \quad (3.12)$$

式中，活度系数 γ_i^L 和 γ_i^S 是通过 Scatchard Hildebrand 模型计算得到的，如式

(3.13) 所示

$$\ln r_i = \frac{V_i(\delta - \delta_i)^2}{RT} \tag{3.13}$$

正如下文中所讨论，两个假设是对式（3.10）中固—液相进行简化，从而得到式（3.12）。尽管通过简化显著减小了计算强度，但是模型准确性也受到影响。现在将在不同条件下对模型可靠性进行评估。

Won 模型首先假设液相和固相间的摩尔体积差别很小（只有10%），因此在低到中等的压力范围内与固相和液相的标准焓相比，Poynting 修正（$\equiv \int_{p_0}^{p} \frac{\Delta V_i}{RT} \mathrm{d}p$）并不重要。

通过考虑下面例子中 $n\text{--}C_{20}H_{42}$ 的相变，将对来自相变焓的 Gibbs 自由能贡献的相对量和 Poynting 修正进行量化。

实例：

计算对 Gibbs 自由能贡献的 Poynting 修正 $\equiv \int_{p_0}^{p} \frac{\Delta V_i}{RT} \mathrm{d}p$ 和焓变 $\Delta H_i \left(1 - \frac{T}{T_i^\mathrm{f}}\right)$。表3.2给出的材料物理性质可用于完成这些计算。

表3.2 用于计算 $n\text{--}C_{20}H_{44}$ 相变的参数

材料性质	值
熔点	310K
融化热	70kJ/mol
相转变时的体积变化	~ 3.6×10^{-2}L/mol
气体常数	8.314J/mol/K

当脱气原油处于温度（T=298K）和压力（p=2atm）条件下时，Poynting 修正产生的贡献计算如下：

$$\int_{p_0}^{p} \Delta V \mathrm{d}p \simeq \Delta V \times (p - p_0) = 3.6\times 10^{-2} \frac{\mathrm{L}}{\mathrm{mol}} \times 101\mathrm{kPa} = 3.6 \frac{\mathrm{J}}{\mathrm{mol}} \tag{3.14}$$

结晶焓 $\Delta H_i \left(1 - \frac{T}{T_i^\mathrm{f}}\right)$ 产生的贡献计算如下：

$$\Delta H\left(1 - \frac{T}{T^\mathrm{f}}\right) = 70\frac{\mathrm{kJ}}{\mathrm{mol}} \times 1 - \frac{298\mathrm{K}}{310\mathrm{K}} = 2710 \frac{\mathrm{J}}{\mathrm{mol}} \tag{3.15}$$

由 Poynting 修正产生的贡献（3.6J/mol）仅为结晶焓产生的贡献（2710J/mol）的 0.13%。但是，Poynting 修正产生的贡献随着压力增加，并最终超过结晶焓产生的贡献。图 3.6 显示了随压力变化的液相到固相相变中 Poynting 修正和标准焓差所产生的贡献对比。

从图 3.6 中可以看出，在低到中等压力（<100atm）条件下，相比于热效应，由 Poynting 修正产生的贡献确实可以忽略不计，而热效应不会产生大于约 15% 的相对偏差。当压力大于约 200atm 时，Poynting 修正产生的贡献不可忽略，而 200atm 是油藏的典型压力。实际上，当压力接近于油藏压力时，蜡热力学建模并不是一件容易的工作。当压力升高时，轻质馏分能够在液相中保持溶解状态，并有助于溶化重正链烷烃。因此，包含轻质馏分的原油析蜡温度预计低于不含轻质馏分的原油析蜡温度。不考虑轻质馏分影响的蜡热力学建模经常导致析蜡温度和析蜡曲线预测过于保守。

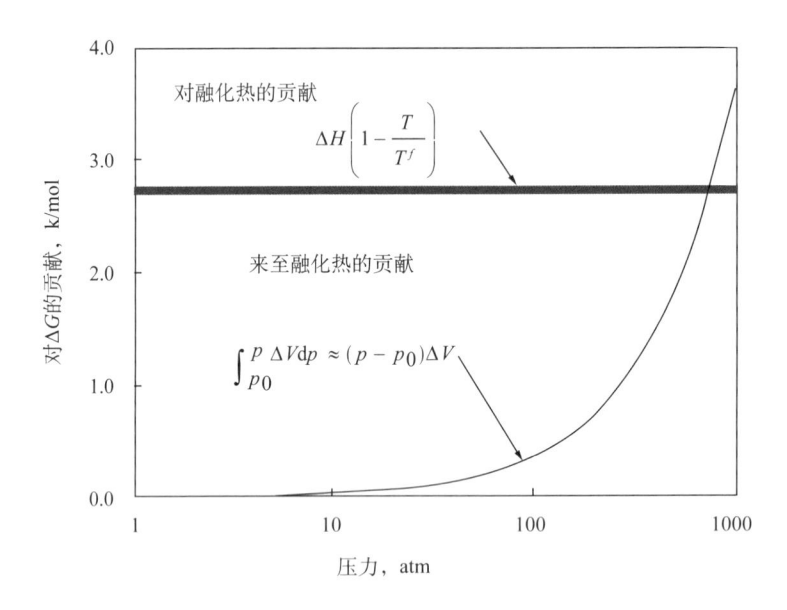

图 3.6　由热熔产生的对相变中 Gibbs 自由能变化的贡献和 Poynting 修正产生的贡献对比

除了可忽略的 Poynting 修正假设外，在与标准焓中差别相比，Won 模型也假设液相与固相间热容 ΔCp_v 的差别无关紧并且可以忽略。然而，根据 Lira–Galeana 等人（1996）的研究，考虑热容差别的模型所做的预测与实验数据一致，而不考虑热容变化的模型所做的预测与实验数据有 50% 的相对偏差。

实例：

Won 模型将用于计算室温（例如，T=298K）条件下析出固相的数量，计算将用到表 3.3 中三元混合物（n–$C_{10}H_{44}$+n–$C_{24}H_{50}$+n–$C_{26}H_{54}$）的组成。

热力学模拟的目标是分别确定固相和液相的摩尔数 n^S 和 n^L，还有两相中各组分的摩尔组成：S_{10}，S_{24}，S_{26}，x_{10}，x_{24} 和 x_{26}，其中 S_i 和 x_i 分别代表在固相和液相中组分 i 的摩尔分数。为了计算这些变量，需要在热力学建模中输入 $n\text{-}C_{10}H_{44}$，$n\text{-}C_{24}H_{50}$，$n\text{-}C_{26}H_{54}$ 的物理性质，包括它们的结晶热度和熔点。这些参数从美国国家标准协会（NIST）数据库中收集，表 3.4 总结了这些参数。

表3.3 热力学建模实例中三元混合物的组分

组分	含量
$n\text{-}C_{10}H_{44}$	0.8 mol
$n\text{-}C_{24}H_{50}$	0.1 mol
$n\text{-}C_{26}H_{54}$	0.1 mol

表3.4 输入热力学模型中的 $n\text{-}C_{10}H_{44}$, $n\text{-}C_{24}H_{50}$, $n\text{-}C_{26}H_{54}$ 的物理性质

物质性质	值
$n\text{-}C_{10}H_{44}$（T^f_{10}）的熔点	234K
$n\text{-}C_{24}H_{50}$（T^f_{24}）的熔点	324K
$n\text{-}C_{26}H_{54}$（T^f_{26}）的熔点	330K
$n\text{-}C_{10}H_{44}$（ΔH_{10}）的凝固热	28.7kJ/mol
$n\text{-}C_{24}H_{50}$（ΔH_{24}）的凝固热	81.7kJ/mol
$n\text{-}C_{26}H_{54}$（ΔH_{26}）的凝固热	93.5kJ/mol

据 Won 的研究，液相和固相中各类活度系数均等于 1，基于此，相平衡方程可简化成如下形式：

$$\ln \frac{s_{10}}{x_{10}} = \frac{\Delta H_{10}}{RT}\left(1 - \frac{T}{T_{10}^f}\right) \tag{3.16}$$

$$\ln \frac{s_{24}}{x_{24}} = \frac{\Delta H_{24}}{RT}\left(1 - \frac{T}{T_{24}^f}\right) \tag{3.17}$$

$$\ln \frac{s_{26}}{x_{26}} = \frac{\Delta H_{26}}{RT}\left(1 - \frac{T}{T_{26}^f}\right) \tag{3.18}$$

每类的物质平衡可以写成如下形式：

$$n^L x_{10} + n^S s_{10} = n_{10} \tag{3.19}$$

$$n^L x_{24} + n^S s_{24} = n_{24} \tag{3.20}$$

$$n^L x_{26} + n^S s_{26} = n_{26} \tag{3.21}$$

在液相和固相中每类的摩尔分数应当也满足以下本构方程：

$$x_{10} + x_{24} + x_{26} = 1 \tag{3.22}$$

$$s_{10} + s_{24} + s_{26} = 1 \tag{3.23}$$

通过求解式（3.16）到式（3.23）可得

$$\begin{aligned}
n^L &= 0.822 \\
n^S &= 0.178 \\
s_{10} &= 0.071 \\
s_{24} &= 0.427 \\
s_{26} &= 0.503 \\
x_{10} &= 0.958 \\
x_{24} &= 0.029 \\
x_{26} &= 0.013
\end{aligned} \tag{3.24}$$

从这些数值结果可以看出，室温下固相的摩尔分数为0.178。室温下液相主要由$n-C_{10}H_{44}$组成，而固相主要由两种重质正构烷烃组成：$n-C_{24}H_{50}$和$n-C_{26}H_{54}$。

Pedersen等人通过如下方法改进了Won模型：

（1）在相平衡中加入ΔCp_i项。

（2）通过17个北海原油的实验数据来对模型预测进行拟合，以此改进估算物理性质的经验公式（Pedersen，Skovborg和Ronningsen，1991）。

Pedersen模型包含了理想固相的假设。但是值得注意的是，假定固相是理想混合物会导致析蜡曲线的过高估计，从而对管线中结蜡问题过于悲观。图3.7表示了可能由于假定理想固相而造成的过高估计析蜡曲线的实例。

因此，固相非理想性的合理建模对析蜡特性的准确预测是很有必要的。3.4节从理论上介绍了固相非理想性建模的综合方法，同时讨论了Coutinho模型。

3.4.2 考虑依据经验方法的多个固相的蜡热力学模型：Conoco和Lira–Galeana模型

不同于3.3.1节中讨论的所有模型，Conoco模型考虑了多个固相，尽管是以经验方式。当温度降至析蜡温度以下时，第一个蜡固相形成了。随着温度进一步降低，新的蜡固相形成，新形成的蜡固相与早期形成的具有不同的组分。Conoco 模型假定液相只与最新形成的固相处于热力学平衡，而在目前温度下，早期形成的固相并不影响固—液相平衡。基于这个假设，Conoco 模型使用阶段式相计算步骤经验性地模拟了多个固相：它在固相与液相之间取间隔为 1.8℉，假定在温度为 T+1.8℉ 时形成的固相并不影响 T 温度时的相平衡。

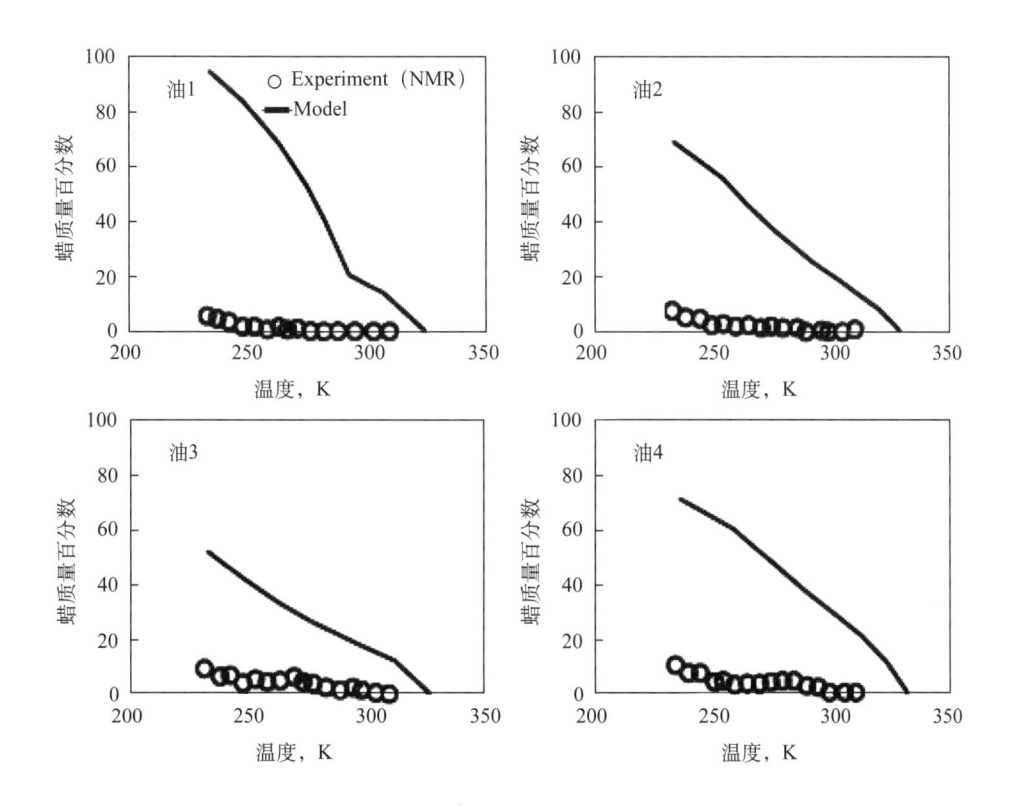

图 3.7 可能由于理想固相的假设而造成过高估计的结蜡曲线

不同于 Conoco 模型，Lira-Galeana 等人建立的热力学模型使用了相稳定准则来处理多个纯固相。因此，Lira-Galena 等人和 Conoco 的方法将析出模拟成扩大的固相内核，一定程度上类似于洋葱。

3.5 Coutinho 热力学模型——理论综合热力学模型

Coutinho 模型是唯一一个考虑了液相非理想性、固相非理想性、多重固相存在析蜡特点的模型。

Coutinho 模型是基于 Flory 自由体积理论计算液相活度系数，Flory 自由体积理论考虑了分子大小差异引起的熵效应和自由体积效应。Coutinho 模型有两个使用不同方法来模拟固相非理想性的变量：Wilson 模型和 UNIQUAC 模型。Wilson 模型通过考虑纯固相和固相混合物中相邻烷烃链之间相互作用的差异来计算活度系数。在纯 $n-C_iH_{2i+2}$ 晶体中，每个烷烃链 C_i 通过范德华力在相邻晶格格位中与烷烃链 C_i 发生相互作用。在固相混合物中，相邻烷烃链到特定烷烃链的长度 j ($j \neq i$) 可能不同。在 C_i-C_j 之间相互作用的大小与 C_i-C_i 之间相互作用的大小不同，结果造成与纯固相 Gibbs 自由能相比，i 的 Gibbs 自由能出现偏差。使用 UNIQUAC 模型计算活度系数需要更多的数学运算。然而，根据 Coutinho 等人的研究，Wilson 模型和 UNIQUAC 模型在结蜡特性方面预测相同，如图 3.8 所示。

在 Coutinho 等人（2006）的研究中，详细介绍了考虑固相非理想性的 UNIQUAC 模型建立过程。

至此已经讨论了所有主流热力学模型的理论基础。这些模型已经热力学建模得到验证，该热力学建模考虑了混合物和原油的析蜡特性。尽管不同的模型适用于不同的理论范围，但是在已发表的著作中，每个模型的预测似乎能够与实验测量吻合。因此，手稿间的对比不能说明准确预测的严谨程度。Pauly，Dauphin 和 Daridon（1998）的比较研究覆盖了除 Conoco 模型和 Lira-Galeana 模型外的其他所有主流模型，因为这两个模型是基于他们的同种混合模型的析蜡曲线预测。图 3.9 显示了不同模型预测之间的对比。

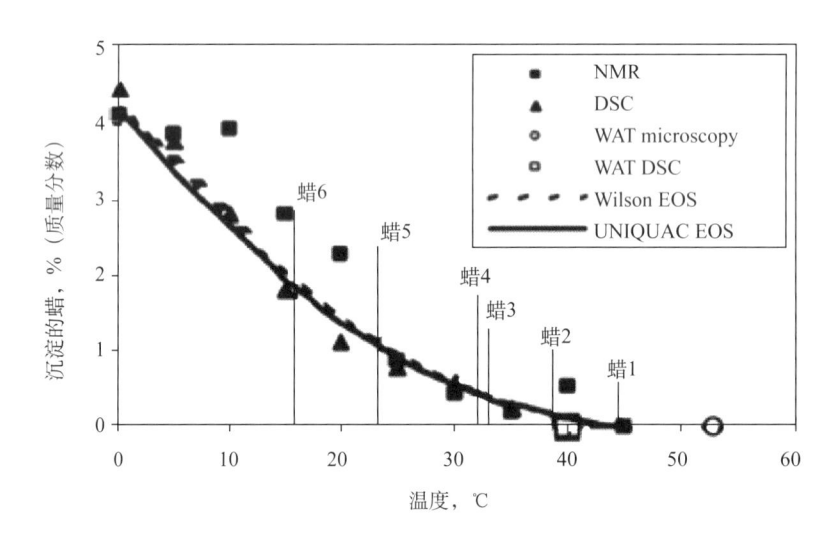

图 3.8 Wilson 模型和 UNIQUAC 模型关于结蜡曲线的对比

从图 3.9 中可以看出，Coutinh 热力学模型对这种混合物的析蜡曲线给出了最准确的预测。其他模型可能由于理想固相或液相的假设而造成析蜡曲线的略微过高估计。

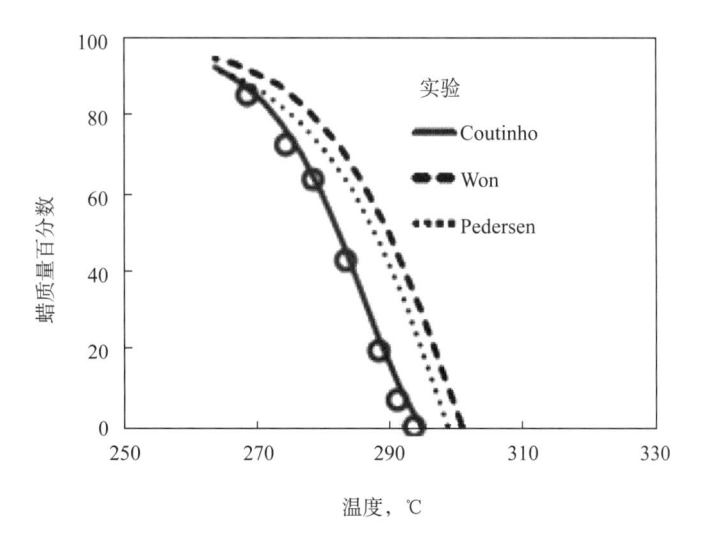

图 3.9 不同蜡热力学模型预测的结蜡曲线与实验测量的对比图

3.6 结蜡模型的工业应用

热力学模型已经发展成了商业软件，例如 GUTS（Conoco 模型），Multiflash（Coutinho 的模型）和 PVTsim（Pedersen 的模型）。通常都使用这些软件来进行蜡的热力学模拟，以此达到行业流动安全保障的目的。本节讨论了蜡热力学模型在指导流动安全保障咨询工作上的工业应用。图 3.10 展示了预测析蜡温度和蜡沉积曲线的蜡热力学建模的流程图。

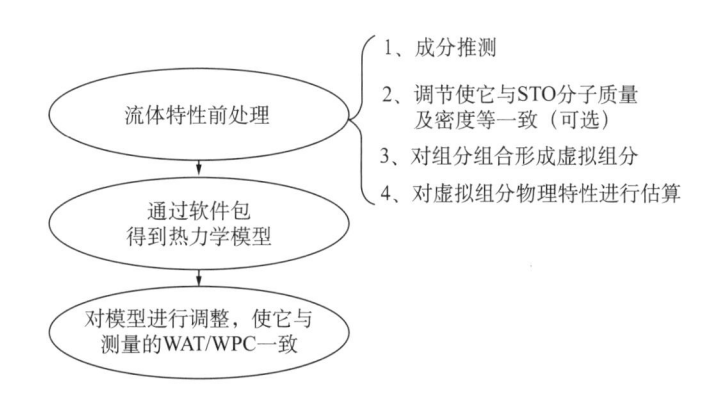

图 3.10 使用软件包进行蜡热力学建模的流程图

3.6.1 流体特性：热力学模型预处理

在使用蜡热力学模型进行析蜡温度和蜡沉积曲线的预测时，需要在热力学模型中输入油的组分。油组分通常是由实验测得的。通常能够得到以下两个质量分布的报告：

(1) 单一碳数（SCN）的分布：具有碳数 i 的单一碳数的百分数，包括支链烷烃，环烷烃，芳香烃和具有碳数 i 的正链烷烃。因此具有碳数 i 的单一碳数组分的分子式可以写为 C_iH_j，其中 $j=2i+2$ 代表着饱和烃，$j \neq 2i+2$ 代表着环烷烃，芳香烃，和其他的非饱和烃。

(2) 正链烷烃的分布：单一链烷烃的摩尔质量分数，分子式为 $n-C_iH_{2i+2}$，i 为碳数。

单一碳数分布提供了关于油中烃类组分 C_iH_j（包括碳数为 i 的正链烷烃和非正链烷烃）总含量的信息。

假定 C_iH_j 组分中只有正链烷烃（$n-C_iH_{2i+2}$）会沉积。对于典型的原油来说，非正构烷烃通常不会沉积，因为它们的熔点通常明显比具有相同碳数的正链烷烃的低。

基于原油的高温气相色谱法分析，通过积分气相色谱图中峰值以下的区域，可以得到其单一碳数分布和正链烷烃分布。图 3.11 展示了积分的不同方法，即"从基线开始"和"从波谷到波谷"，都可以用来从气相色谱图中获得这两种分布。

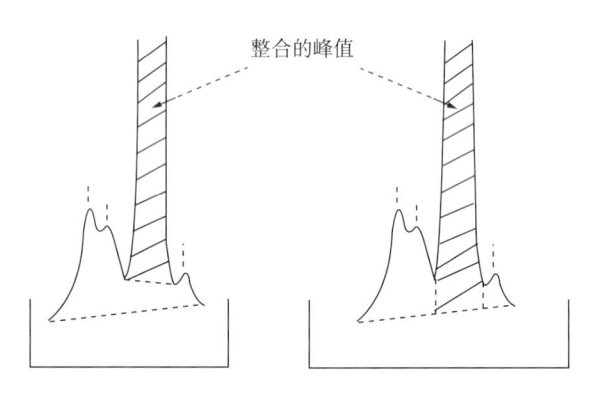

图 3.11 通过两种不同的整合方法从油—气色谱仪中获得单—碳数分布和正链烷烃的分布

需要注意的是通过不同积分方法获得的两种分布以及接下来使用获得的分布进行的热力学计算将会大大不同。如图 3.12 所示。

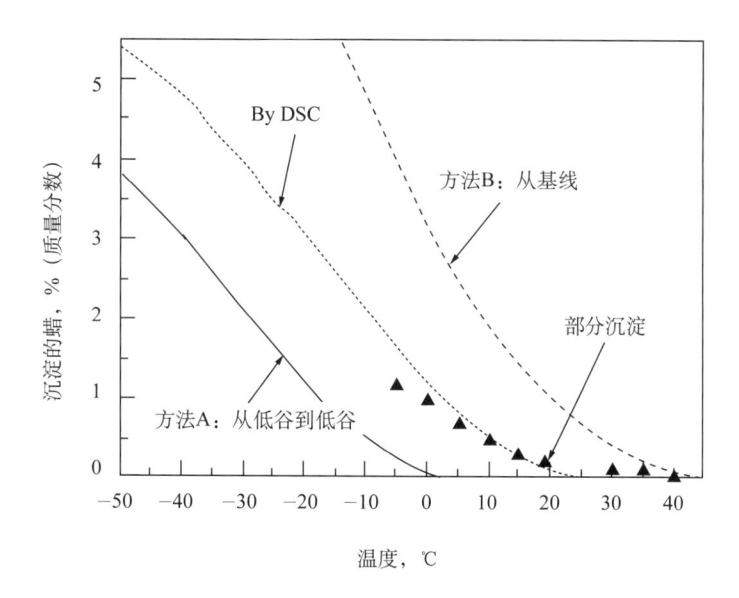

图3.12 基于不同整合方法获得的正链烷烃分布的蜡沉积曲线对比：具有DSC提供实验测量的从波谷到波谷以及从基线开始的两种方法以及分段沉淀

当测量正链烷烃分布和单一碳数分布时，不同的研究人员或将使用自己内部的方法进行研究。图3.13展示了Statoil提供的北海原油的两种分布。

图3.13既展示了烃类组分的摩尔分数，又展示了测量至C_{36}的正链烷烃的分数。但是对于碳数大于36的组分来说，测定的摩尔分数以及正链烷烃分数的精度容易受到实验误差的影响。因为C_{36+}的百分数绝对值较低，通过气相色谱仪确定高沸点组分的难度较大。因此，在高温气相色谱仪分析中，具有高碳数组分的量通常作为一个整体进行报告，称为碳数大于36的组分。以蜡沉积曲线表征的结蜡特性和沉积固相组分通常对碳数大于36的组分的组成很敏感。因为当温度降低至析蜡温度之下时，重质组分首先沉淀。因此C_{36+}的摩尔分数，即碳数大于36的组分和相应的正链烷烃的分数需要得到合理的估计，从而使模型的预测结果能够更好地展示原油的真实的沉积特性。

基于现场经验，Pedersen，Thomassen和Fredenslund (1985) 建议通过假设"随着碳数i的增加，烃类C_iH_j和正链烷烃$n-C_iH_{2i+2}$的量线性减小"，将重质馏分的单一碳数分布和正链烷烃分布外推至一定的有限碳数。Pedersen的外推方法对多个原油提供了令人满意的模拟结果。敏感性分析表明对于特定的原油，包含C_{50+}链烃组分的热力学模型对预测沉积曲线的影响不超过0.1%。图3.14展示了使用Pedersen的方法外推包含了C_{36}—C_{50}组分摩尔分数的原油成分。

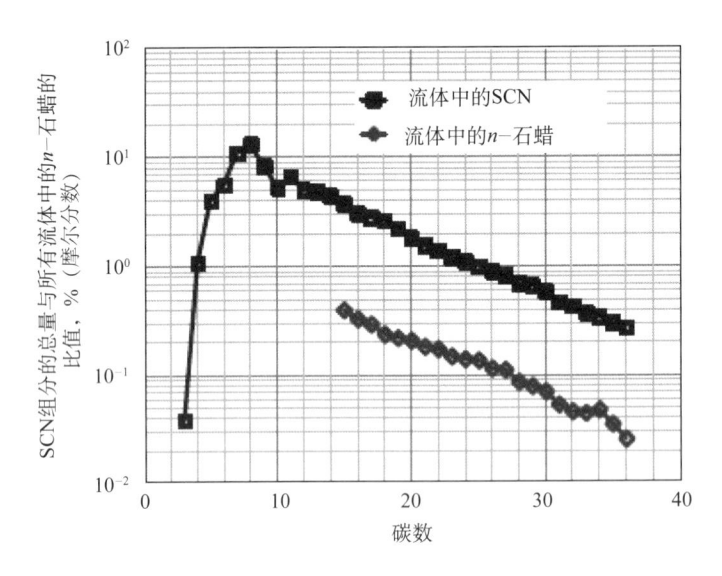

图 3.13 通过高温气相色谱仪测量的油 S 的包含正链烷烃的原油组分

在其他一些实例中，单一碳数分布和正链烷烃分布被外推至高达 75 的碳数。为了使软件包可以自动将碳数大于 36 的组分外推至一个合适的有限碳数，需要将附加信息提供给软件，例如碳数大于 36 的组分的密度和分子量。如果不知道碳数大于 36 的组分的密度和分子量，可以采用由 Calsep 提出的"试错法"来调整碳数大于 36 的组分的分子量和密度，直到在储罐条件下的闪蒸计算能够预测报告的储罐原油的分子量和密度。

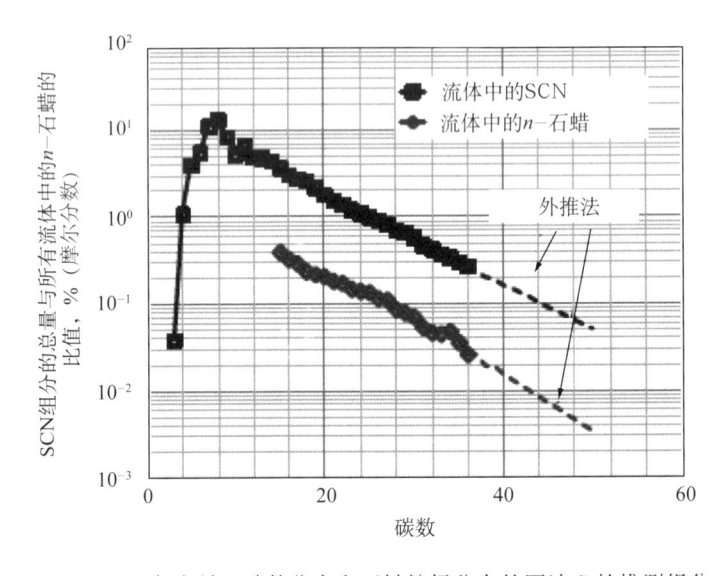

图 3.14 包含单一碳数分布和正链烷烃分布的原油 S 的推测组分

对每一个正链烷烃和非正链烷烃的热力学平衡建模需要求解一个气—液平衡方程和一个液—固平衡方程。对于这种原油，组分分析可以解决超过100种组分（链烷烃和非链烷烃）的质量分布。因此，为了确定每一相中每一个组分的摩尔组成，需要求解大约200个公式，而真实的情况可能更糟。在同一相200个方程中，每一个方程都包含组分的浓度。因此200个方程中的每一个都包含100个未知的组分。求解这些方程需要大量的时间。为了减小计算工作量，通常将相近碳数的组分集中起来组成一个假组分。默认的PVTsim设置将真实组分集成至12个假组分。在集成之后，将只需要求解24个平衡方程，而不再是200个方程。

在集成之后，每一个假组分代表着一组真组分。因此其物理性质应当是真实组分的平均。作为热力学模型中的关键参数，平均临界压力 p_c，平均临界温度 T_c，和平均偏心因子 ω 都需要使用经验公式进行计算。经验公式通常是基于假组分的相对分子质量来估算 p_c，T_c，ω 的。

共需三个步骤：

（1）高碳数组分量的外推；

（2）集中真实组分为假组分；

（3）通过经验公式计算假组分的物理性质。

这三个步骤被称为石油流体的"特性化描述"。这些"特性化"流体将被传递给热力学模型的下一个子程序。

3.6.2 模型校正：热力学模型的后处理

通过软件包对析蜡温度和蜡沉积曲线的预测需要仔细评估。在建模过程中存在多个不确定因素。一些常见的不确定因素包括：

（1）输入热力学模型的单一碳数分布和正链烷烃分布对用积分方法处理气相色谱图的方法非常敏感。

（2）单一碳数分布和正链烷烃分布的外推示在假设"随着碳数的增加，数量成指数衰减"的条件下进行的。而有些原油并不遵循指数递减规律。

（3）对假组分物理性质的估计可能并不准确。

模型的预测需要用实验测量结果进行校正。由于多种不确定性，很少有模型能够预测到实验测得的析蜡温度和蜡沉积曲线的真实值。所有的模型都提供一些选项来调整特定的模型参数以使其与实验测量得到的析蜡温度或蜡含量吻合。表3.5总结了每个软件的调整选项。

需要注意的是在调整之后，大多数的模型都能够与实验测量相互吻合，但是仍然要对调整后的预测结果持怀疑的态度，因为正如表3.5列出的那样，这些调整选项都有明显的缺点。这些调整都是用于已经测得的原油或蜡的特性。对析蜡温度和蜡沉积曲线调整模型的预期通常都会传递至下一个子程序，以用于蜡沉积的模拟。第四章将讨论结蜡模拟。

表3.5 关于主流热力学模型的调优选项和缺点的总结

主流软件	调整选项	调整匹配	缺点
PVTsim	原油中蜡的质量百分数	析蜡温度或蜡含量或二者兼有	调整后流体可能不能代表原油
GUTS	蜡开始沉淀时的质量百分数	析蜡温度	与实验测试技术不一致
Multiflash	正链烷烃熔化热	析蜡温度	和物质的物理特征不一致

3.7 蜡热力学模型的进一步应用

蜡热力学模型的应用不仅仅局限于析蜡温度和蜡沉积曲线。使用 DSC 法确定蜡沉积曲线时，假定了蜡结晶热量为 200J/g。然后，使用一个不变的蜡结晶热量恐怕不能准确地表现出蜡的析出特征。当温度降低到蜡析出温度时，具有最多碳原子的烷烃先析出，更轻的烷烃将随着温度进一步降低而析出。重烃和轻烃的蜡结晶热量是不同的。因此，蜡析出时所有组分的烃都用一个不变的蜡结晶热量，将会导致蜡沉积曲线不精确。蜡热力学模型就是提高用 DSC 法计算的蜡沉积曲线的准确性。

为了得到更加精确的蜡沉积曲线，用来计算蜡析出量的蜡结晶热量需要随着温度的变化而变化，才能解释烷烃在不同温度下具有不同的蜡结晶热量。为了确定在计算中需要的蜡结晶热量值，需要预先知道烷烃在当前温度下析出蜡的碳原子数。蜡热力学模型可以预测在每个温度下析出蜡的链烷烃的碳原子数。在此理论基础上，Coto，Martos，Espada，Robustillo 和 Peña（2010）利用热力学模型进行了迭代运算。根据 Coto 等人的方法，首先得到了蜡沉积曲线的预测和原油成分的初步猜测，假设如下：

烷烃在具体温度下析出蜡，n 个碳原子的烷烃在它的温度到达熔点 T_i^f 时析出；

n 个碳原子的烷烃在温度为 $T_{m,i}$ 时析出的数量等于 $w_i = \dfrac{q(T_i^f)}{\Delta H_i^f}$，其中 $q(T_i^f)$ 是在熔点 T_i^f 时放出的热量。

需要注意的是纯液体时，链烷烃析出的温度 T_i^p 才会和它的熔点 T_i^f 相等。混合物的 n 碳原子烷烃的蜡析出温度 T_i^p 取决于混合液体的组分，可以通过基于猜测的原油成分的热力学模型来预测，热力学模型是以为基础的。在预测的蜡析出温度 T_i^p 基础上，可以重新 n 碳原子烷烃在温度为 T_i^p 时的蜡析出数量：$w_i = \dfrac{q\left(T_i^f\right)}{\Delta H_i^f}$，重新获得蜡沉积曲线和原油成分。进行迭代，一次次获得蜡沉积曲线和原油成分，注意观察，直到蜡沉积曲线和原油成分没有显著的变化为止。图 3.15 中概括了它的迭代过程，它以蜡热力学模型为基础，提高了通过差示扫描热量法获得的蜡沉积曲线的精确性。

热动力学模型除了可以用于改善使用 DSC 法确定蜡沉积曲线的这种实验方法外，还可以结合沉积模型，预测析出蜡的碳原子数分布。这方面的应用将在第 5 章中介绍，和蜡析出模型的其他应用放在一起讲。

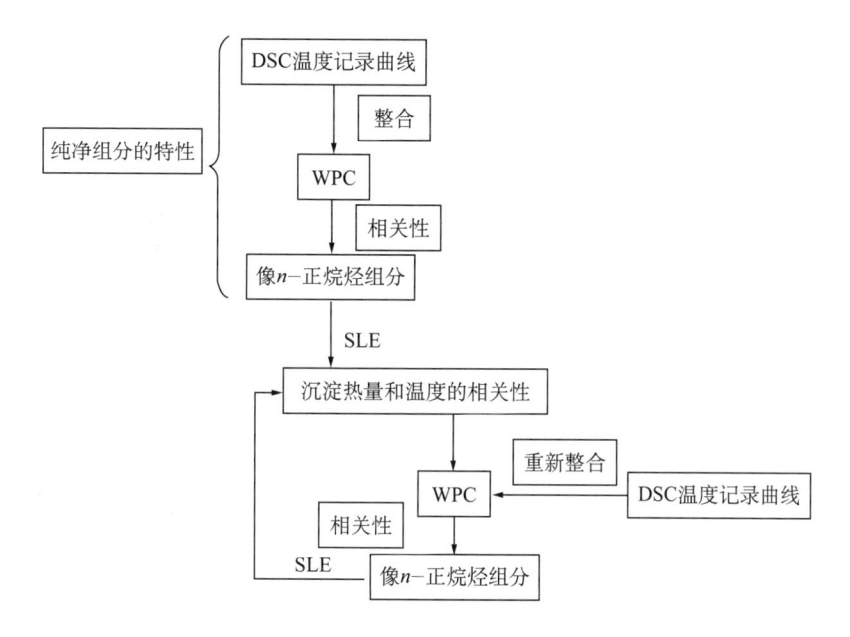

图 3.15 以热力学模型为基础的迭代法，提高通过差示扫描热量法确定的蜡沉积曲线的精确性
（来自 Coto，B. 等，Fuel，89，1087–1094，2010.）

3.8 小结

本章介绍了不同的蜡热力学模型。在这些蜡热力学模型中，Coutinho's 模型是最严谨的模型，因为其他模型为了简便都进行了不同的假设。在理想的固液两相中，这些假设将使蜡析出温度和蜡沉积曲线的预测值偏高。

蜡热力学模型可以预测蜡析出温度、蜡沉积曲线和析出蜡的组分。这些预测提供了关于蜡析出特征的重要信息，从而帮助评估结蜡问题的可能性和严重性。需要注意的是，为了从蜡热力学模型中获得可靠的预测，需要遵循规范的程序。本章还介绍了使用蜡热力学模型的工业实践。当缺乏相关实验数据时，通过蜡热力学模型预测得到的可靠的析蜡温度和蜡沉积曲线可以作为蜡沉积模型的输入参数。蜡热力学模型在蜡沉积模拟中的应用将在第 4 至 6 章中介绍。

4

结 蜡 模 型

本章将详细介绍结蜡型的原理。我们需要记住,不管有多复杂,大部分数学模型都是建立在基于一些假设的物理现象描述基础上。因此,在介绍这些传递理论之前,首先复习两个最重要的问题:

(1) 什么是结蜡?
(2) 结蜡是如何发生的?

在 4.1 节中,我们将首先回答这两个问题。

4.1 结蜡机理

理解结蜡的第一个问题是"结蜡过程中什么会沉积下来?",答案显然是蜡,但以什么样的形式呢? 如图 4.1 所示,蜡分子会溶解在原油中,而蜡颗粒也会悬浮在原油中。在上述两种蜡中,哪种蜡将沉积在管道壁上呢?

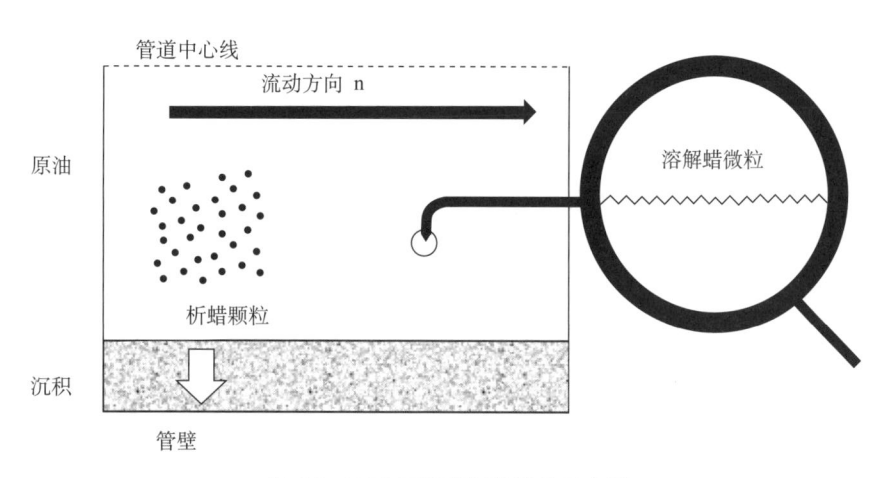

图 4.1　两种可能引起结蜡的示意图

事实上，对这个问题的集中研究在20世纪80年代到21世纪初。在研究的早期阶段，Burger等人（1981）最先提出了以下结蜡机理：

（1）分子扩散：结蜡是由于溶解蜡微粒向管壁扩散。

（2）剪切扩散：结蜡是由于蜡组分的析出颗粒向管壁扩散。

（3）布朗扩散：结蜡是由于蜡组分的析出颗粒向管壁扩散，这种扩散是由布朗运动引起的。

（4）重力沉淀：结蜡是由于蜡组分的析出颗粒向管道底部沉淀。

可以看出，对于分子扩散机理，结蜡主体是溶解在原油中的蜡分子。在其他三个机理中，结蜡主体是从原油中析出的蜡悬浮颗粒。为了确认哪个机理在结蜡中扮演主要角色，研究了每种机理中结蜡的起因，看看结蜡条件是否与平时在外部条件下（通常是在海底下面的石油运输）的运输管线中发现的蜡结晶条件是否一致。很快就被发现其中几个机理对结蜡是无关紧要的，而布朗扩散机理不太可能有效，这是因为管壁温度比原油平均温度低，将会导致管壁处析蜡比原油中多。因此，布朗扩散效果是管壁处析出的蜡向原油中扩散，而不是原油中析出的蜡向管壁扩散和沉积（Singh等人，2000）。重力沉淀机理也是被认为无关紧要的，这是因为没有研究表明在石油单相流条件下，管壁底部的结蜡比顶部厚。

剩余的两个机理是剪切扩散和分子扩散。在早期，一些研究者提倡剪切机理（Burger等人，1981；Hsu & Brubaker，1995），事实上它是包含在早期的结蜡模型中（如在OLGA工业流动模拟器中的结蜡模型）。然后，Bern等人（1980）早期的研究发现，结蜡速率不随着流体剪切速率的加快而增加，使得结蜡剪切扩散机理受到质疑。事实上，在颗粒流体学领域的很多发现，包括理论和实验，似乎都表明在原油流动中的蜡颗粒不一定都向管壁扩散：Saffman（1965）、Cleaver和Yates（1973）（在颗粒流体力学理论基础上）、Jimenez等人（1988）、Urushihara等人（1993）、Garcia等人（1995）（在颗粒速度测量学基础上）的研究，都发现位于管壁附近黏性层中的颗粒在湍流产生的重力（称为萨夫曼举升力）作用下，倾向于被重新夹带入原油中。这些发现说明剪切机理是无关紧要的或者是不合理的。通过过去几十年大量结蜡实验观察（Hunt Jr，1962；Eaton和Weeter，1976；Brown等人，1993；Creek等人，1999；Singh等人，2000；Hoffmann & Amundsen，2010；Jemmett等人，2012），人们普遍认为分子扩散是结蜡的主要机理。管壁析蜡晶体似乎不会促进结蜡，而是随原油形成流体混合物的悬浮流动。截止目前，分析扩散机理已经在很多结蜡模型中使用（SolaimanyNazar等，2001；Roehner和Fletcher，2002；Hernandez等，2003；Venkatesan，2004；Edmonds等，2007；

Akbarzadeh 和 Zougari，2008；Ismail 等，2008；Lee，2008；Merino-Garcia 和 Correra，2008；Han 等，2010；Phillips，等，2011；Huang 等，2011a；Lu 等，2012）。因此，接下来将详细讨论分析扩散机理。

4.2 分子扩散是结蜡的主要机理

分子扩散机理的示意图如图 4.2 所示，该机理包含以下 4 个步骤：
(1) 步骤 1：溶解蜡分子析出。
(2) 步骤 2：溶解蜡形成径向浓度梯度。
(3) 步骤 3：结蜡表面蜡组分沉积。
(4) 步骤 4：结蜡组分内部扩散。
这 4 个步骤将在后面进行详细讨论。

4.2.1 溶解蜡分子析出

一旦流体温度降至蜡结晶温度之下，溶解蜡组分将会从原油中析出，并形成晶体。只要某个位置处的温度低于蜡结晶温度，在原油内部和管壁处都会出现蜡组分沉积，如图 4.2 所示（步骤 1）。正如前文所讨论的，在原油内部形成的蜡晶体将随着原油流动，不会在管壁沉积。因此，只有在管壁处的蜡沉积形成初始的蜡晶体。

4.2.2 溶解蜡形成径向浓度梯度

正常冷却条件下，内壁面温度通常要低于原油内部温度。因此，管壁处的蜡结晶一般要高于原油内部，导致原油内部溶解蜡浓度比管壁处大，从而在原油内部与管壁之间形成了径向蜡浓度梯度。如图 4.2 所示，径向蜡浓度梯度导致蜡从高浓度的原油内部向低浓度的管壁处进行分子扩散。原油中蜡的扩散系数通常为 $10^{-10} \sim 10^{-9} \text{m}^2/\text{s}$ (Hayduk 和 Minhas，1982)，要小于气体的 $10^{-5} \text{m}^2/\text{s}$。(Green，2008)。

4.2.3 结蜡表面蜡组分沉积

如步骤 2 中讨论的（4.2.3 节），壁面的蜡组分析出会导致结蜡。一旦形成初始蜡沉积层，原油边界就变成蜡沉积的表面。在这种情况，溶解蜡组分在沉积层表面的沉积将会大幅增加蜡的沉积速度，如图 4.2（步骤 3）。由于含有蜡的原油沿着管壁持续流动，溶解蜡在向蜡沉积中不断扩散，使得蜡沉积增多。

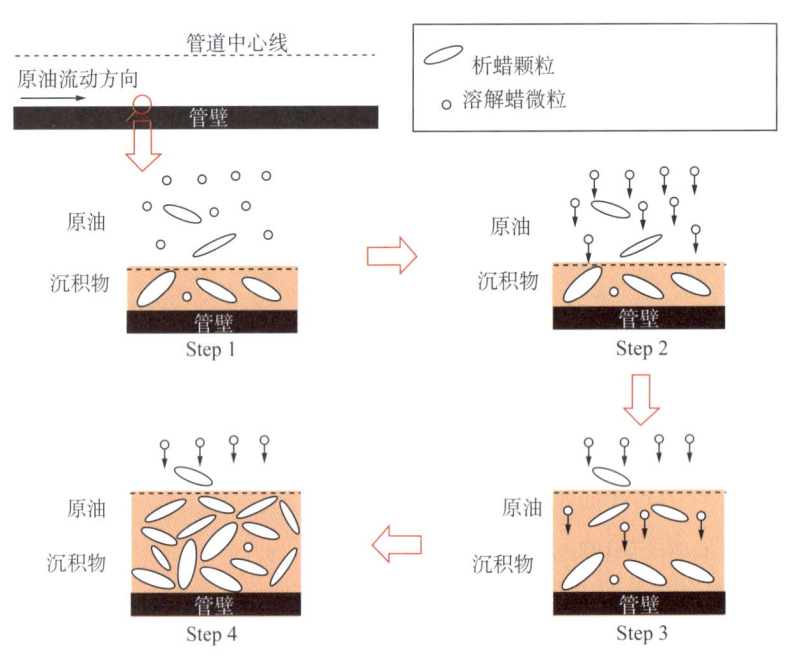

图 4.2　分子扩散结蜡机理示意图

4.2.4　结蜡组分内部扩散

尽管扩散使得蜡组分分子向原油—沉积物界面运动，但不是所有分子都能在界面处析出并形成新的沉积层。一些溶解蜡分子继续向蜡沉积物中扩散，导致蜡沉积物中蜡浓度增加，这种现象称为"蜡老化"，已经得到了很多研究者的证实（Burger 等，1981；Lund，1998；Singh 等，2000；Singh 和 Venkatesan，2001；Hernandez，2002；Venkatesan，2004；Hoffmann 和 Amundsen，2010；Noville 和 Naveira，2012；Bai 和 Zhang，2013a，b）。这种溶解蜡分子内部扩散使蜡沉积物中蜡浓度增加。因此在结蜡过程中，沉积物中大多数溶解蜡组分要高于溶解极限，并进一步沉积形成蜡晶体，导致沉积物中固相体积分数增加。如图 4.3 所示，Singh 等人（2000）对蜡老化现象的定量研究。该研究通过分析沉积物中蜡组分的质量平衡来定量描述蜡老化过程，这些将在 4.4.4 节中详细讨论。

蜡沉积形成了蜡晶体网络，能够捕获液态原油和形成孔隙介质。网络结构形成理论提出后得到很多研究者验证（Dirand，Chevallier 和 Provost，1998；Singh 等，2000；Venkatesan 等，2005），如图 4.4 和图 4.5 所示。

随着溶解蜡不断沉积形成沉积物网络结构，溶解蜡组分的进一步内部扩散明显受阻。因此在结蜡过程中，蜡老化现象在初始阶段最快，然后接近极限值，图 4.3 显示了 Singh 等人（2000）的研究成果。

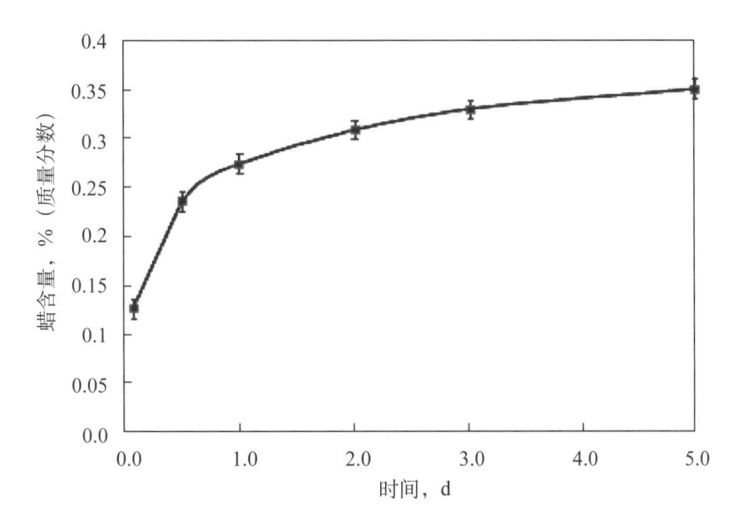

图 4.3 Singh 等人（2000）观察到沉积物中蜡浓度变化规律，原油中蜡的初始体积分数为 0.0067

图 4.4 Dirand 等人（1988）和 Singh 等人（2000）提出的结蜡中晶体结构示意图

这以上讨论的实验结果为建立结蜡数学模型提供了一种途径。以分子扩散机理为基础，结蜡程度主要取决于溶解蜡组分通过流动边界层向管壁的径向扩散值。它是结蜡模型最重要的参数，通常由管道中的传热和传质系数决定。这两个系数将在 4.3 节和 4.4 节中讨论。

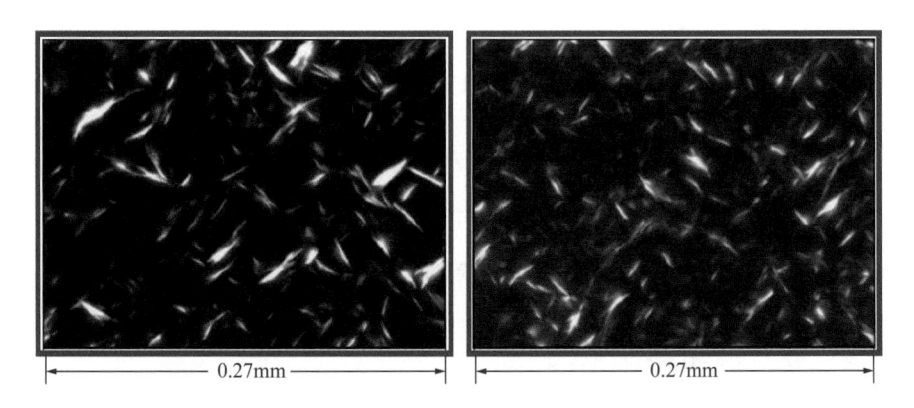

图 4.5 Venkatesan 等人（2005）对蜡胶体网状结构的微观观察

4.3 结蜡模型概述

4.3.1 结蜡模型的算法

结蜡模型的通用算法如图 4.6 所示。

这个算法涉及两个主要的计算，如图 4.6 中的虚线矩形所示。第一步包含了流体力学和传热计算，以确定沿管道的温度剖面。第二步包含了传质计算，通过与蜡析出曲线结合来预测管壁处的结蜡速率。管壁结蜡不仅使管道有效直径减小，而且减少热向周围环境的散失。因此，传热计算必须不断地改变，直到达到设定的时间为止。结蜡模型包括两组输入参数：第一组表示管道的工作条件，常常包括管道的尺寸、几何形状和绝热性、入口温度、出入口压力、进入管道流体的流速和周围热传质条件；第二组包括流体的性质，如密度、黏度、比热、热导率和相包线（对于多相流）。就结蜡建模而言，原油最重要的性质是它的蜡析出曲线，该曲线通过原油中蜡组分的动力学研究得到，这在第 2 章和第 3 章中已经详细介绍。在结蜡模型中，蜡析出曲线结合管道中的温度 / 压力剖面来确定蜡组分向管壁的径向质量流量，并最终计算出管道中结蜡速率。

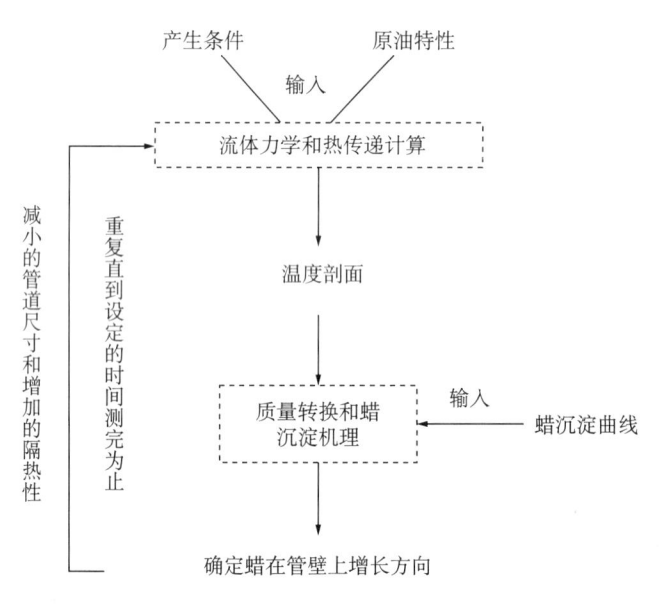

图 4.6 结蜡模型的通用算法

4.3.2 各种结蜡模型概述

本节将详细对比流动保障工业常用的几种商业结蜡模型，以及一些最近开发的学术化结蜡模型。

4.3.2.1 工业化的商业结蜡模型

（1）Rygg，Rydahl 和 Rønningsen（1998）及 Matzain 等人（2001）的结蜡模型。

Rygg 等人和 Matzain 等人的建模理论已应用在 OLGA 蜡商业/结蜡模型中。OLGA 是一个多相流模拟器，经过了几十年的发展，已广泛用于流动保障工业中。

（2）Lindeloff 和 Krejbjerg（2002）的结蜡模型。

Lindeloff 和 Krejbjerg（2002）的研究主要应用在 PTVsim 软件包的 DepoWax 模块中。PTVsim 是一个热力学模拟器，已广泛用于石油工业中的流体特性方面。

（3）Edmonds 等人（2007）的结蜡模型。

FloWax 是 Infochem 在 Edmonds 等人研究的基础上建立了结蜡模型。需要指出的是模型中的传热和结蜡方程来源于 Venkatesan（2004）。

4.3.2.2 学术化结蜡模型

（1）塔尔萨大学的结蜡模型。

塔尔萨大学的结蜡模型（TUWAX）是通过塔尔萨大学蜡沉积项目（TUPDP）发展起来的。Matzain（1997）负责了早期研究的一个课题。在过去几十年里，TUWAX 模型广泛应用于室内回路的结蜡实验中（Lund，1998，Apte 等人，2001；Hernandez，2002；Hernandez 等人，2003；Couto，2004；Bruno，Sarica，Chen 和 Volk，2008）。TUPDP 成员都能获取 TUWAX 的几个版本，并已应用于一些现场的蜡治理实践中（Singh，Lee，Singh 和 Sarica，2011）。针对 TUWAX 中的单相流研究都是建立在 Hernandez 等人（2003）的研究上。针对气油两相流的结蜡模型都是建立在 Apte 等人（2001）的研究基础之上，而油水两相流模型中的输运方程可能是基于在 Couto（2004）and Bruno 等人（2008）的研究。

（2）密歇根州大学的结蜡模型（密歇根州蜡预测器）。

密歇根州蜡预测器（MWP）是由密歇根州大学多空隙介质团队开发。MWP 起源于 Singh 等人（2000）的研究，这是第一个解释蜡老化（沉积物中蜡浓度增加）的结蜡模型。第一个版本在预测层流状态下结蜡厚度和沉积物中蜡浓度方面取得巨大成就。经过 10 年研究，MWP 已经扩展到了紊流状态，并得到了大量实验研究的验证（Venkatesan，2004；Lee，2008；Huang，Lee 等 2011；Senra，Kapoor 和 Fogler，2011；Lu 等，2012）。

4.4 节将重点介绍上述结蜡模型的理论基础和数值特征。

4.4 不同结蜡模型的详细对比

本小节我们将详细分析结蜡模型,充分讨论流体流动的模型结构和数学式表达、传热/传质理论。

4.4.1 模型规模

结蜡模型的规模常常被忽略,但它确实是最重要的方面之一。因为结蜡会导致石油流体到周围环境的径向热量损失,而为了准确确定结蜡速率,结蜡模型中的温度径向剖面和溶解蜡的浓度是至关重要的。然而,为了使径向传递特征具有满意的分辨率,通常计算强度很大。计算强度会成为商业化流动模拟器的负担,为了观察流体的整体流动,多数情况下仅对轴向进行离散化。图 4.7 是一个单相油流动中温度剖面的例子。

在现有的一维商业化流动模拟器中,用一个温度值表示原油温度,而用另外一个值表示管道内壁处的温度。层流底层用来表示管壁附近区域,而该区域的温度呈直线下降。

如图 4.8 所示,对 MWP(学术化结蜡模型)进行二维(轴向和径向)离散化,相比于一维离散化方法,二维离散化能够解释原油特性的径向变化。例如,随着管道中径向温度减小,原油黏度会增加,原油中蜡扩散系数会大幅减少。在结蜡模型中使用二维离散化能够帮助捕获这些变化,得到更加准确的传热/传质系数。

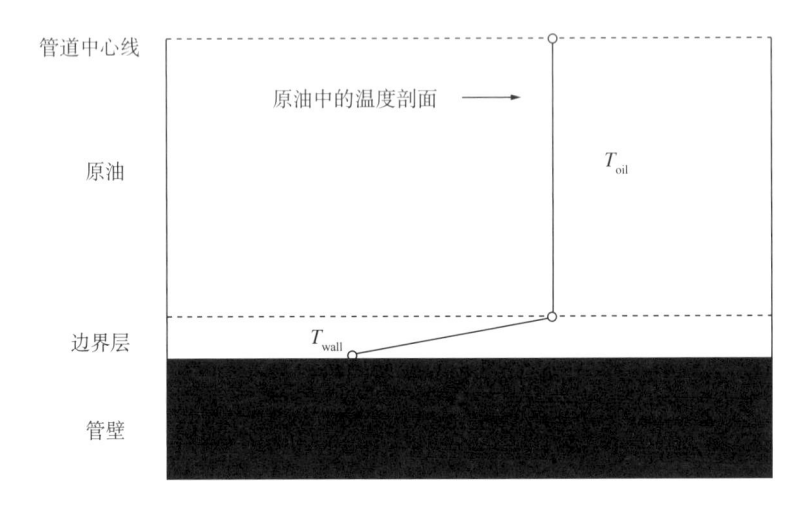

图 4.7 一维结蜡模型中温度剖面的离散化

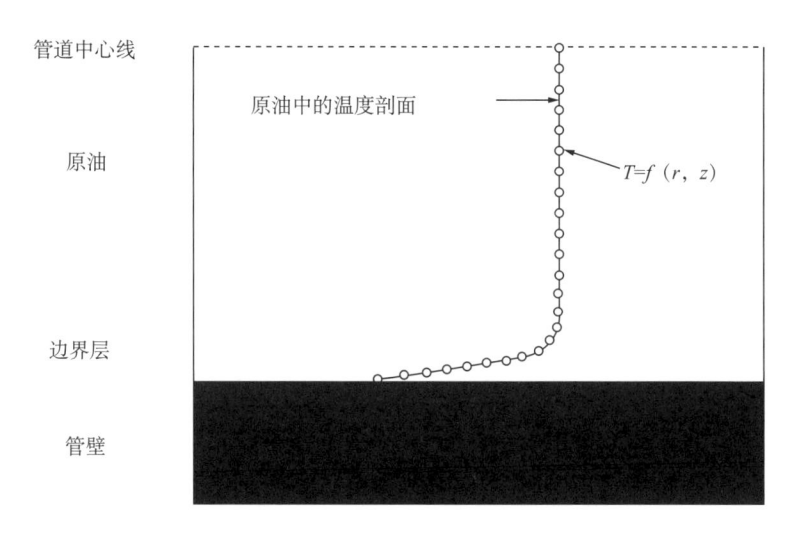

图 4.8 MWP 中温度剖面的二维离散化

4.4.2 结蜡模型中的流体力学

流体力学对管道中传热/传质系数有很大的影响，特别是多相流。多相流条件下，最重要流体力学参数之一是持液率（液相的容积率）。由于气体和液体热容的巨大差异，使得持液率对管道中温度剖面产生重大影响。气液两相流中的持液率越高，在冷却过中温度下降就越平缓。为了确定流动中的流体力学，通常会使用经验公式，见表 4.1。

表4.1 不同结蜡模型的流体力学经验公式总结

模型	Matzain (1997)；Rygget 等 (1998)	LindeloffandKrejbjerg (2002)	Edmonds 等 (2007)	Hernandez 等 (2003)	Huang, Lu, Hoffmann, Amundsen 和 Fogler (2011)
模拟软件	OLGA wax	PVTsim；DepoWax	FloWax	TUWAX	MWP
流体力学关系式	Bendiksen, Maines, Moe 和 Nuland (1991)	Mukherjee 和 Brill (1985)；Bendiksen 等 (1991)	Brill (1987)	Xiao, Shonham 和 Brill (1990)；Kaya, Sarica 和 Brill (1999)	Van Driest (1956)
多相流特性	是	是	是	是	用多相流体的平均性能作为单相流体

在单相流中，为了计算管道压降，通常采用流体力学经验公式来确定摩擦因子，经验公式已经建立起来了，并得到大量实验研究者的验证（Wilkes, 2005）。需要指

出的是，摩擦因子公式是基于流动模拟器一维离散化。由于 MWP 是基于二维离散化，故在流体力学的计算中，不需要确定摩擦因子，而是通过 Van Driest（1956）表达式来确定整个径向速度剖面，在紊流中用 v^+ 与 y^+ 关系表示，在层流中用抛物线速度剖面。

对于多相流，经验公式是用来估算速度、压力、持液率和流动类型。但是，由于多相流的复杂性，多相流的经验公式中的不确定性比单相流的经验公式更加重要。

4.4.3 传热方程和关系式

首先考虑一维单相原油流动。图 4.9 显示了二维圆柱管道中的传热特性示意图。

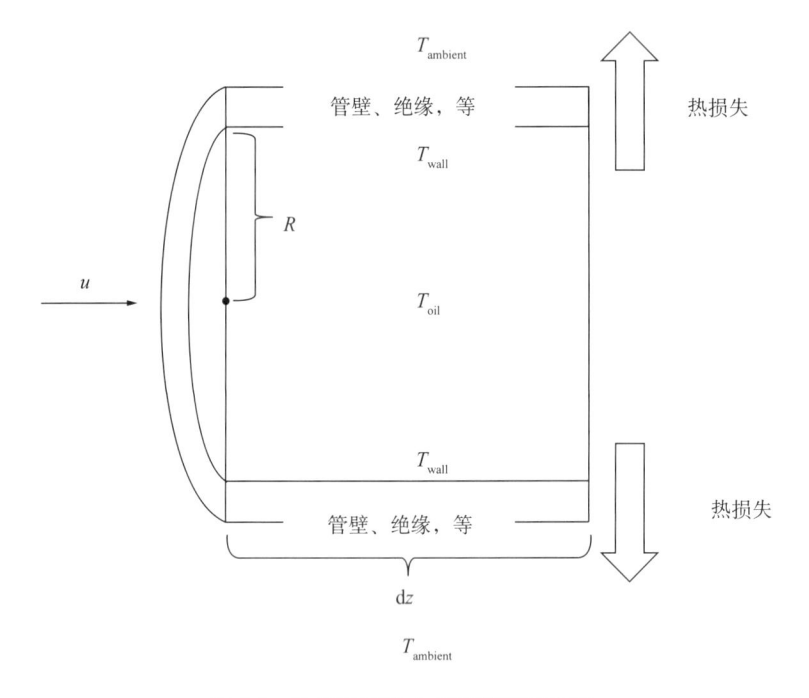

图 4.9　油单相流动中传热特征示意图

对于一维（轴向）结蜡模型，常用的传热方程如下：

$$\pi R_{\text{pipe}}^2 \rho_{\text{oil}} C_p U \mathrm{d}T_{\text{oil}} = 2\pi R_{\text{pipe}} h_{\text{Internal}} (T_{\text{oil}} - T_{\text{Wall}}) \mathrm{d}z \tag{4.1}$$

$$h_{\text{Internal}}(T_{\text{oil}} - T_{\text{Wall}}) = h_{\text{external}}(T_{\text{Wall}} - T_{\text{ambtent}}) \tag{4.2}$$

式中　R_{pipe}——管道半径，m；

ρ_{oil}——原油密度，kg/m³；

C_p——原油的比热容，J/（kg·K）；

U——原油的平均速度，m/s；

T——温度，K；

Z——坐标轴，m；

h_{internal}——基于管道内径的内部传热系数 W/（m²·K）；

h_{external}——基于管道内径的外部传热系数 W/（m²·K）。

在这种情况下，原油的温度 T_{oil} 和内壁温度 T_{wall} 两个变量都需要通过式（4.1）和式（4.2）确定。传热系数可以用表 4.2 中的经验公式估算。需要指出的是，对于多相流，多数结蜡模型仍然使用流体平均性能的单相传热关系式来估算温度剖面。

内部传热系数的经验关系式不能用于二维离散化格式的 MWP，而是利用径向和轴向的能量守恒（式 4.3）及合理的边界条件（式 4.4）来求解径向和轴向温度剖面：

$$V_z(r)\frac{\partial T(r,z)}{\partial z} = \frac{1}{r}\frac{\partial}{\partial r}r\varepsilon_{\text{thermal}} + \frac{k_{\text{oil}}}{\rho_{\text{oil}}C_p}\frac{\partial T(r,z)}{\partial r} \tag{4.3}$$

$$\begin{aligned}&\frac{\partial T}{\partial r}=0,\quad r=0\\&h_{\text{external}}(T_{\text{ambient}}-T_{\text{wall}})=k_{\text{oil}}\frac{\partial T}{\partial r},\quad r=R_{\text{pipe}}\end{aligned} \tag{4.4}$$

式中

r——径向坐标，m；

$\varepsilon_{\text{thermal}}$——涡流热量扩散系数，m²/s，由 von Kármán 关系式确定（Wilkes，2005）；

k_{oil}——原油的导热系数 [W/（m·K）]。模型中所有传递方程都在 Huang、Lee 等人（2011）的研究中进行了介绍。

表4.2 不同结蜡模型的传热关系式总结

R	Rygg 和 Matzain 等人	Lindeloff 和 Krejbjerg	Edmonds 等人	TUWAX	MWP
传热关系式	Sieder 和 Tate (1936)，Gnielinski (1976)，或 Dittus 和 Bolter (1985)			SSieder 和 Tate (1936) KKim 等人 (1999)	Deen (1998) 的涡流热量/质量扩散系数（单相）用多相流体的平均性能作为单相流体
多相流特性	用多相流体的平均性能作为单相流体				

4.4.4 结蜡模型的传质和沉积速率计算

前面讨论的流体力学和传热计算给我们提供了管线温度剖面。在本节中，温度剖面结合蜡析出曲线进一步用于确定传质特征，并帮助我们最终确定蜡沉积增长速率。

4.4.4.1 分子扩散机理数学描述

正如前面 4.2 节讨论的，分子扩散是结蜡的主要机理（Singh 等人，2000）。该机理认为在原油中析出的蜡颗粒不会促进管壁结蜡。扩散的程度可以用径向质量流量表示［通常使用单位 kg/（m²·s）］，如图 4.10 的 J_A 和 J_B。这两个参数与沉积过程进一步相关，沉积过程遵循一系列的质量守恒方程，如 Singh 等人研究出的式（4.5）和式（4.6）。

油—沉淀界面处的质量守恒方程：

$$\rho_{\text{deposit}} F_{\text{wax}} \frac{\mathrm{d}\delta_{\text{deposit}}}{\mathrm{d}t} = (J_A - J_B) \tag{4.5}$$

全部沉淀物的质量守恒方程：

$$\frac{\rho_{\text{deposit}} \left[R_{\text{pipe}}^2 - \left(R_{\text{pipe}} - \delta_{\text{deposit}} \right)^2 \right]}{2\pi \left(R_{\text{pipe}} - \delta_{\text{deposit}} \right)} \frac{\mathrm{d}F_{\text{wax}}}{\mathrm{d}t} = J_B \tag{4.6}$$

式中 ρ_{deposit}——沉积物的密度，kg/m³；

F_{wax}——积物中蜡的质量分数（所有蜡组分的总和）；

δ_{deposit}——结蜡厚度，m；

R_{pipe}——管道的半径，m。

式（4.5）表示在油—沉淀界面处溶解蜡组分的质量守恒方程，而式（4.6）是沉积物中溶解蜡组分的质量守恒方程，沉积物中蜡的质量分数在径向上的平均值 F_{wax}。由这些平衡方程，可以看出质量流量的差值（J_A–J_B）与沉积层的增加相对应，而内部扩散质量流量 J_B 导致沉积物中蜡含量增加。蜡含量随时间的增加 $\mathrm{d}F_{\text{wax}}/\mathrm{d}t$，也称为蜡沉积的老化速率，它与蜡老化有关。

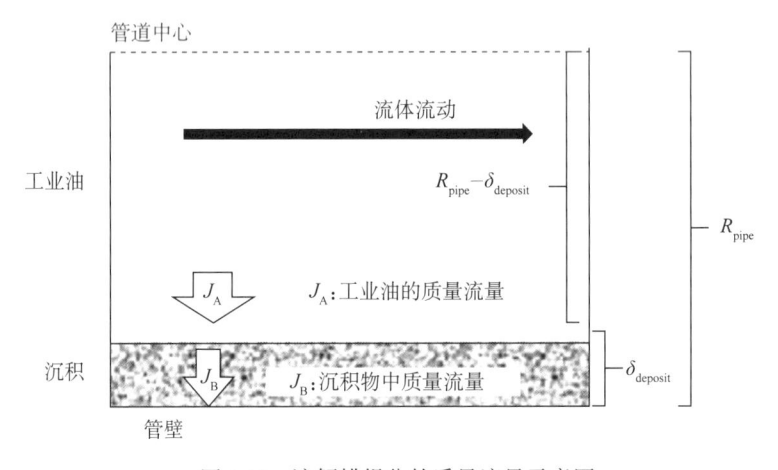

图 4.10 溶解蜡组分的质量流量示意图

4.4.4.2 结蜡机理简化

在大多数商业结蜡模型中,没有考虑老化现象(蜡含量随时间增加),且忽略沉积层的质量流量[式(4.6)中的J_B]。这种情况下,质量守恒方程式(4.5)和式(4.6)减少成一个方程,公式(4.7)所示,沉积物中蜡含量为恒定值F_{wax}。

$$\rho_{deposit} F_{wax} \frac{d\delta_{deposit}}{dt} = J_A \tag{4.7}$$

工业结蜡模型中,常用"结蜡孔隙度"代替蜡的质量分数,F_{wax}。结蜡孔隙度是指在蜡沉积中的滞留原油的体积分数。对这两个参数进行近似处理。首先,原油和蜡的密度相近,因此假定滞留原油的体积分数与滞留原油的质量分数相同。其次,结蜡预计会高度过饱和(蜡的质量分数F_{wax}高达50%~90%),沉积物中蜡组分会大量析出。因此,沉积物的滞留原油中溶解蜡组分的含量可以忽略。换言之,通常假设蜡组分只存在于固相中,滞留液相只含有非蜡组分。因此,沉积物的孔隙度和蜡分数关系可以简化,方程如下:

$$F_{wax} = 1 - \phi_{deposit} \tag{4.8}$$

式中 $\phi_{deposit}$——结蜡孔隙度。因此,忽略老化,分子扩散的数学表达式如下:

$$\rho_{deposit}(1 - \phi_{deposit})\frac{d\delta_{deposit}}{dt} = J_A \tag{4.9}$$

下面我们将讨论J_A的确定方法,以便预测结蜡厚度。

4.4.5 确定质量流量

结蜡模型中,下一个关键步骤是确定界面处的质量流量J_A,通常由菲克扩散定律来确定。对于一维结蜡模型(见4.4.1节的介绍),假设在井壁附近薄边界层内,蜡组分浓度线性降低。这种线性浓度剖面表明在薄膜内发生的传质是由于扩散作用(而不是对流)。图4.11为浓度剖面的示意图。在这种情况下,可以用以下方程描述J_A:

$$J_A = -D_{wax}\frac{dC}{dr} = D_{wax}\frac{C_{oil} - C_{wall}}{\delta_{masstransfer}} = D_{wax}\frac{C_{oil}(T_{oil}) - C_{wall}(T_{wall})}{\delta_{masstransfer}} \tag{4.10}$$

式中 C——溶解蜡组分的浓度,kg/m³;

D_{wax}——原油中蜡的扩散系数,m²/s;

T——温度，K；

$\delta_{\text{masstransfer}}$——传质层厚度，m。

式（4.10）中的几个关键参数将在 4.4.5.1 节中进一步讨论。

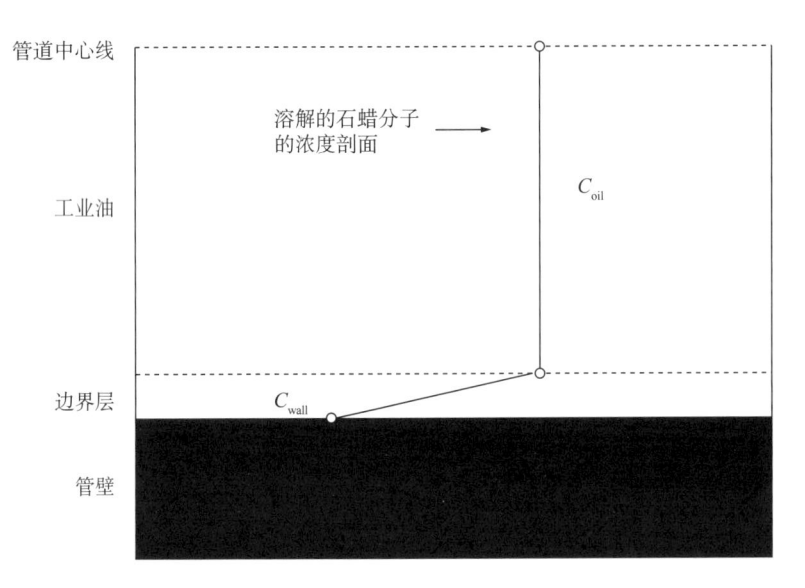

图 4.11 一维结蜡模型浓度剖面示意图

4.4.5.1 原油中蜡扩散系数 D_{wax}

所有结蜡模型中，原油中蜡的扩散系数 D_{wax} 都是通过 Hayduk 和 Minhas（1982）或 Wilke 和 Chang（1955）的关系式确定，方程如下：

$$\text{Hayduk–Minhas} \quad D_{\text{wax}} = A_{\text{HM}} \frac{T^{1.47} \mu_B^{\gamma}}{V_A^{0.71}}, \gamma = \frac{10.2}{V_A} - 0.791 \quad (4.11)$$

$$\text{Wilke–Chang} \quad D_{\text{wax}} = B_{\text{WC}} \frac{(\phi_B M_B)^{0.5} T}{\mu_B V_A^{0.6}} \quad (4.12)$$

式中 V_A——蜡的平均摩尔体积，cm³/mol；

μ_B——溶剂黏度（mPa·s）；

ϕ_B——溶剂 B 的相关参数（通常为 1）；

M_B——溶剂分子量，g/mol；

T——流体温度，K；

A_{HM}——Hayduk-Minhas 蜡质量扩散相关系数；

B_{WC}——Wilke-Chang 蜡质量扩散相关系数。

扩散参数 A_{HM} 和 B_{WC} 的值取决于扩散系数的单位。当扩散系数单位为 m²/s 时，这两个关系式中 A_{HM} 和 B_{WC} 的默认值分别为 $7.4×10^{-12}$ 和 $13.3×10^{-12}$。如果扩散系数单位为 cm²/s，A_{HM} 和 B_{WC} 的默认值分别为 $7.4×10^{-8}$ 和 $13.3×10^{-8}$。然而，需要指出的是，这种相关性是基于二元稀溶液设计的。在含多分散组分的石油流体结蜡的一些研究中，A 和 B 成为可调节参数，并通过实验室规模的结蜡实验确定基准（Kleinhans，Niesen 和 Brown，2000）。

4.4.5.2 原油和管壁中的溶解蜡组分的浓度差（$C_{oil}-C_{wall}$）

浓度差（$C_{oil}-C_{wall}$）代表了传质的驱动力，在结蜡模拟中至关重要。大多数工业结蜡模型中，通常假定热力学平衡来计算溶解蜡组分的浓度。换言之，蜡的溶解度曲线可以用来表示原油和管壁中的蜡浓度。如图 4.12 所示，蜡的溶解度可以通过转换成析蜡曲线来确定。这种转换是基于液体中的溶蜡量应该等于总蜡量减去析蜡量。在这种情况下，这种转换就需要知道总含蜡量，通常为 0℃ 或 5℃ 时的析蜡量。需要指出的是，此值仅作为参考，由于相减过程中相互抵消了，故不应影响（$C_{oil}-C_{wall}$）的结果。

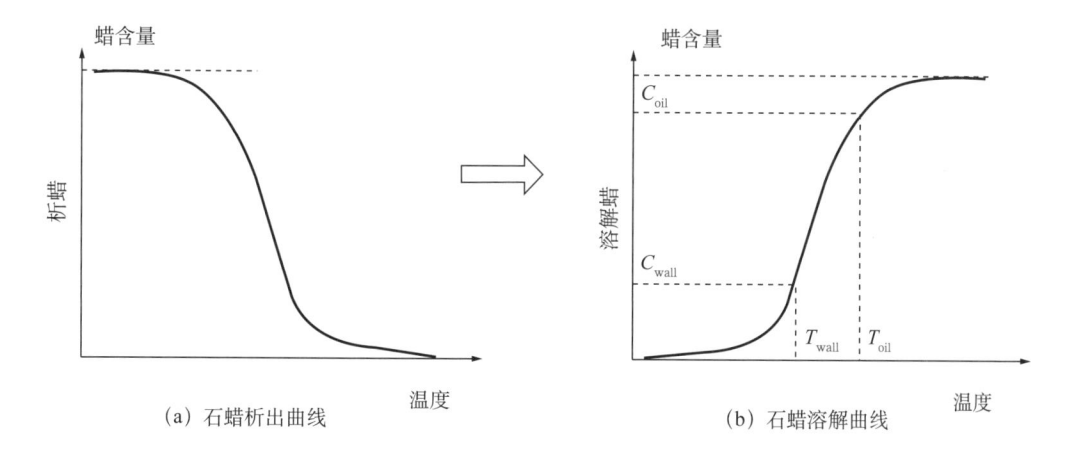

图 4.12 析蜡曲线转化成溶解蜡曲线

根据以上分析可以得出：析蜡曲线提供了结蜡传热和传质间的重要联系。浓度差（$C_{oil}-C_{wall}$）是由原油与管壁的温度差所致。众所周知，温度差是结蜡的热驱动力。在很多结蜡研究中，将这种热驱动力用作交叉对比不同温度下结蜡实验的指示器。然而需要指出的是，在使用热驱动力的分析中做了两个假设：

（1）蜡的溶解度曲线在一定范围内是线性的。
（2）蜡的溶解度浓度是根据热动力平衡得到的。

可以看出，这两个条件不是普遍有效，因此使用热驱动力往往具有局限性。这种局限性将在第6章中详细讨论。对于第二个假设，一些学术研究试图将析蜡动力添加到他们的模型中。例如，TUWAX模型包含了管壁上一个额外的析出动力步骤，因此管壁上的浓度不需要热力学平衡值，而取决于Hernandez等人（2003）研究中的表面析蜡速率常量。然而在MWP中，析蜡动力不是用在管壁上，而是在流体的边界层。在管道中流动过程中，原油在边界层将会急剧冷却。通过使用二维传质方程（轴向平流和径向扩散）来实现这一目的，公式如下。

$$V_Z \frac{\partial C}{\partial z} = \frac{1}{r}\frac{\partial}{\partial r} r\left(\varepsilon_{\mathrm{mass}} + D_{\mathrm{wax}}\right) \frac{\partial C}{\partial r} - k_{\mathrm{precipitation}}[C - C(\mathrm{eq})] \quad (4.13)$$

式（4.13）右边第二项为析蜡动力项 $k_{\mathrm{precipitation}}$ [$C-C$ (eq)]，当溶解蜡分子的浓度高于溶解度极限时，它可以用来解释溶解蜡分子的析出动力（Lee，2008）。$k_{\mathrm{precipitation}}$ 取决于析蜡速率常数的值，6 边界层内溶解蜡分子的浓度满足热力学平衡（$k_{\mathrm{precipitation}} \to \infty$）或缓慢析蜡（$k_{\mathrm{precipitation}} \to 0\mathrm{s}^{-1}$）。析出的蜡晶体更倾向于随油一起流动而不是沉降到管壁上，高析蜡速率可以减少边界层向管壁上扩散的溶解蜡组分的数量。因此，边界层析蜡速率越大，沉降到管壁上的蜡越少，这是由于析出的蜡晶体通常会随原油流动而不是沉降到管壁上。如图4.13所示，通过比较不同的实验研究，得出 $k_{\mathrm{precipitation}}$ 的合理值为 $1.4\mathrm{s}^{-1}$。

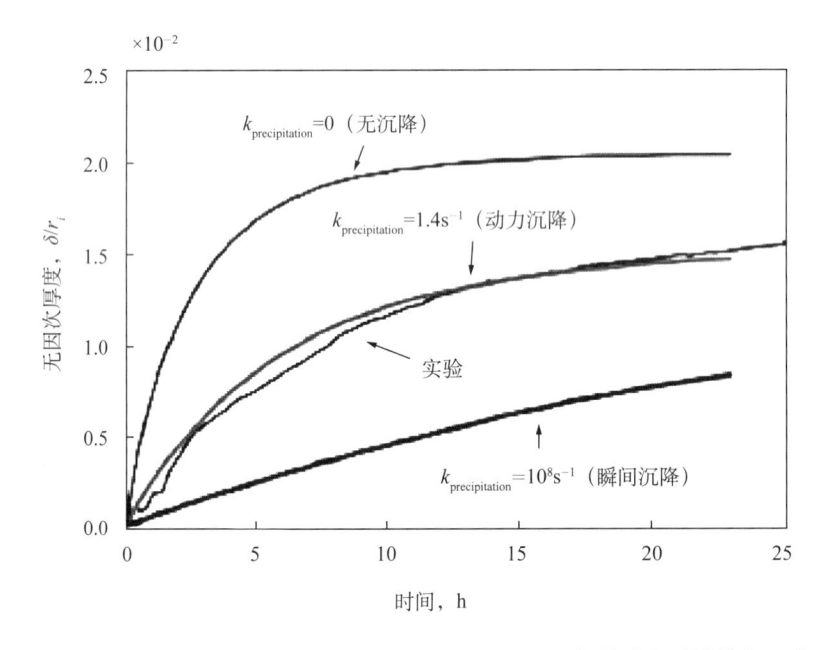

图4.13 Huang，Lee等人在MWP中预测原油中的析蜡动力对结蜡的影响

4.4.5.3 传质层厚度（$\delta_{\text{mass transfer}}$）

结蜡模型中，这个参数造成了很多疑惑。不同的结蜡模型采取不同的结构，其中一些不一定正确。本节将会详细解释这个概念并与其他概念区分。首先引入参数等效扩散传质层（$\delta_{\text{diffusion}}$）、等效传导传质层（$\delta_{\text{conduction}}$）。

（1）等效扩散边界层。

从传质角度看，式（4.10）中的径向质量流量可以用传质系数（$k_{\text{mass transfer}}$）、传质层厚度（$\delta_{\text{mass transfer}}$）和 Sh 数表示，方程如下：

$$J_A = D_{\text{wax}} \frac{C_{\text{bulk}} - C_{\text{wall}}}{\delta_{\text{mass transfer}}} = k_{\text{mass transfer}}(C_{\text{bulk}} - C_{\text{wall}}) = \frac{Sh}{d} D_{\text{wax}}(C_{\text{bulk}} - C_{\text{wall}}) \quad (4.14)$$

式中 d——管道直径（Venkatesan 和 Folger，2004）。

式（4.14）利用线性浓度剖面来表示壁面的浓度梯度。线性浓度剖面表明传质是由于扩散作用（而不是对流）。然而，实际上，在管流条件下对流和扩散同时存在。因此，该方法简单地使用"等效扩散线性层"来表示管内径向上的传质系数。这种情况下，传质层厚度是指等效扩散传质层 $\delta_{\text{diffusion}}$。从式（4.14）可以看出 $\delta_{\text{diffusion}}$ 等于管道直径除以 Sh 数。

$$\delta_{\text{mass transfer}} = \delta_{\text{diffusion}} = \frac{d_{pipe}}{Sh} \quad (4.15)$$

需要指出的是，不要把等效扩散层的概念错误理解为传质边界层，$\delta_{\text{dmass boundary layer}}$。传质边界层通常是指蜡浓度下降99%的层（也称"99%边界层"）。

（2）等效传导边界层。

需要指出的是，式（4.14）和式（4.15）没有考虑析蜡，这是因为这两个方程中都不包含蜡的溶解度。当温度高于饱和点时蜡会析出，故这种假设通常是不正确的。另一种方法假设热力学平衡将浓度差转化为两个要素：（1）温度差 $T_{\text{bulk}} - T_{\text{wall}}$ 和（2）壁面温度下的溶解度梯度 $\frac{dC}{dT}\Big|_{T_{\text{wall}}}$，见式（4.16）。在这种情况下，假设所有过饱和的蜡分子在原油中瞬间析出。

$$J_A = D_{\text{wax}} \frac{dC}{dT}\Big|_{T_{\text{wall}}} \frac{T_{\text{bulk}} - T_{\text{wall}}}{\delta_{\text{thermal}}} \quad (4.16)$$

在式（4.17）中，δ_{thermal} 代表温度线性下降层的厚度。根据前面"等效扩散层"的相似原理，δ_{thermal} 可以定义成"等效传导层"。与式（4.15）类似，δ_{thermal} 等于管道直径

除以 Nu 数，方程式如下：

$$\delta_{\text{thermal}} = \frac{d_{pipe}}{Nu} \tag{4.17}$$

与前面的说明类似，需要指出的是，不要把等效传导层误解为热边界层。这是因为热边界层通常是指温度下降 99% 的层。

对比式（4.15）和式（4.17）可以看出从等效扩散层转化到等效传导层仅仅是 Sh 数和 Nu 数的比值，方程式如下：

$$\frac{\delta_{\text{thermal}}}{\delta_{\text{mass}}} = \frac{Sh}{Nu} \tag{4.18}$$

利用 Dittus 和 Boelter（1985）的关系式以及 Chilton–Colburn 紊流传热和传质类比，Sh 数和 Nu 数可以用 Re 数、Sc 数（传质）或 Pr 数（传热）代替，公式如下：

$$Nu = 0.023 Re^{0.8} Pr^{0.3} \tag{4.19}$$

$$Sh = 0.023 Re^{0.8} Sc^{0.3} \tag{4.20}$$

结合式（4.18）至式（4.20），可以看出通过 Le 数可以简单地把等效传导层厚度转化为等效扩散层厚度，而 Le 数只取决于原油性质。

$$\frac{\delta_{\text{thermal}}}{\delta_{\text{mass}}} = \frac{Sh}{Nu} = \left(\frac{Sc}{Pr}\right)^{0.3} = Le^{0.3} = \frac{k_{\text{oil}}}{\rho_{\text{oil}} C_p D_{\text{wax}}} \tag{4.21}$$

此外，对于等效扩散层，在边界层不会出现析蜡（完全过饱和），等效传导层表示绝对热力学平衡（瞬间析出）。而实际情况是介于两者之间，大多数结蜡模型包括两种结构（等效传导层和等效扩散层），用户可以利用这两种假设来确定不确定性的大小（Hernandez 等，2003；Edmonds 等，2007）。对于 MWP 式（4.13）中使用的析蜡速率常数 $k_{\text{precipitation}}$，定量描述了析蜡动力（介于两极值之间）对结蜡的影响。当 $k_{\text{precipitation}} \to \infty$（在边界层迅速析蜡），这与等效传导层方法类似；当 $k_{\text{precipitation}} \to 0$（缓慢析蜡），这与等效扩散边界层方法类似。这是因为在原油流动中析蜡颗粒不会吸附在壁面形成并结蜡，溶解蜡组分向管壁扩散促进结蜡，原油中析蜡速率越高，用于结蜡的溶解蜡组分数量越少。因此，随着 $k_{\text{precipitation}}$ 增大，结蜡速率减小。在现场应用前，$k_{\text{precipitation}}$ 的真实值通常由室内结蜡实验标定。不同 $k_{\text{precipitation}}$ 值时的模型预测如图 4.13 所示。

最后，要注意不要将等效扩散层和等效传导层与层流底层混淆，商业化结蜡模型中常常将其混淆（Rygg 等，1998；Lindeloff 和 Krejbjerg，2002）。流体力学中紊流状态下的层流底层代表了管壁附近区域，此处表现为层流特性（到壁面处的无量纲径向距离 $y^+<5$）。这个概念与等效扩散层和等效传导层无关，故不能用来确定结蜡模拟中的质量流量。结蜡模型中的层流底层厚度通常需要使用调节倍增器去尝试解决这个问题。

4.5 小结

本章我们从结蜡机理开始介绍了结蜡模型的多个方面。尽管在 20 世纪 80 年代提出了多种机理，而现在普遍认为分子扩散是结蜡的主要机理。基于这种机理，原油中的蜡颗粒不会吸附在管壁上并结蜡，而结蜡主要由油层中溶解蜡分子向管壁（或向已经形成的沉积层表面）径向扩散所致。在溶解蜡组分到达沉积层表面后，它们可以在表面析出（导致沉积层厚度增加）或继续扩散到沉积层中并最终析出形成网状结构（导致沉积层硬化）。

分子扩散机理已经广泛应用于很多商业化和学术结蜡模型中。这些模型使用操作条件和原油性质作为输入参数。在原油性质中，最重要的参数是析蜡曲线，通常由蜡热力学模型获得。利用这些信息，结蜡模型通过（1）水力和传热计算（2）传质计算和分子扩散机理应用传递计算可以预测管壁上的结蜡速率。

多数结蜡模型利用经验公式进行传递计算，而不同结蜡模型采用不同的传递关系式，但这些模型的主要目的十分相似，都是确定蜡分子的径向质量流量 J_A。

$$D_{\text{wax}} \frac{C_{\text{oil}} - C_{\text{wall}}}{\delta_{\text{mass transfer}}} = D_{\text{wax}} \frac{C_{\text{oil}}(T_{\text{oil}}) - C_{\text{wall}}(T_{\text{wall}})}{\delta_{\text{diffusion}}}$$

$$J_A = -D_{\text{wax}} \frac{dC}{dr} \text{ 或 } D_{\text{wax}} \frac{dC}{dT} \cdot \frac{dT}{dr} = D_{\text{wax}} \frac{dC}{dT} \frac{T_{\text{oil}} - T_{\text{wall}}}{\delta_{\text{conduction}}} \tag{4.22}$$

质量流量 J_A 中的关键参数包括蜡在原油中的扩散性、浓度差和传质厚度。由于这些参数的不确定性，通常将结蜡沉积模型作为基准来预测现场结蜡的最佳模型。

5 结蜡实验介绍

5.1 实验的重要性

结蜡模型的最终目标是预测现场管线结蜡的可能性和严重性，以便制定有效的预防和治理措施。但是，由于结蜡模型中有很多简化，利用实验室规模或半工业规模的结蜡试验确定基准已成为标准的工业实践。与现场结蜡相比，实验室结蜡实验通常在更容易控制的环境中进行，拥有更方便的测量和描述技术。设计和执行良好的结蜡实验不仅可以作为校正模型的基准，也能够为结蜡理论研究和发展提供重要信息。

5.2 结蜡的流动循环实验

虽然流动循环可能是最贵的结蜡装置，但通常认为它是确定结蜡模型基准最好的实验工具（Creek，Lund，Brill 和 Volk，1999；Hernandez，2002；Hoffmann 和 Amundsen，2010）。流动循环中的流动场与管线中相似，因此扩大流动循环比扩大其他沉淀装置更加可靠。流动回路主要包括：调节系统、泵注系统、测试段和沉淀描述装置。装置如图 5.1 所示。

5.2.1 调节系统和泵注系统

储油罐用来装测试的含蜡原油，泵在实验中用来循环和冷却原油。结蜡过程中，测试部分原油中含蜡组分的浓度随着测试段结蜡而降低，因此，为了维持流体中恒定的蜡含量，储油罐的容积要足够大，以致于蜡损耗的影响可以忽略不计，如图 5.2 所示。Singh，Venkatesan，Fogle，Nagarajan（2000）、Hoffmann 和 Amundsen（2010）的研究量化了结蜡的影响和估算了适当尺寸的储油罐。

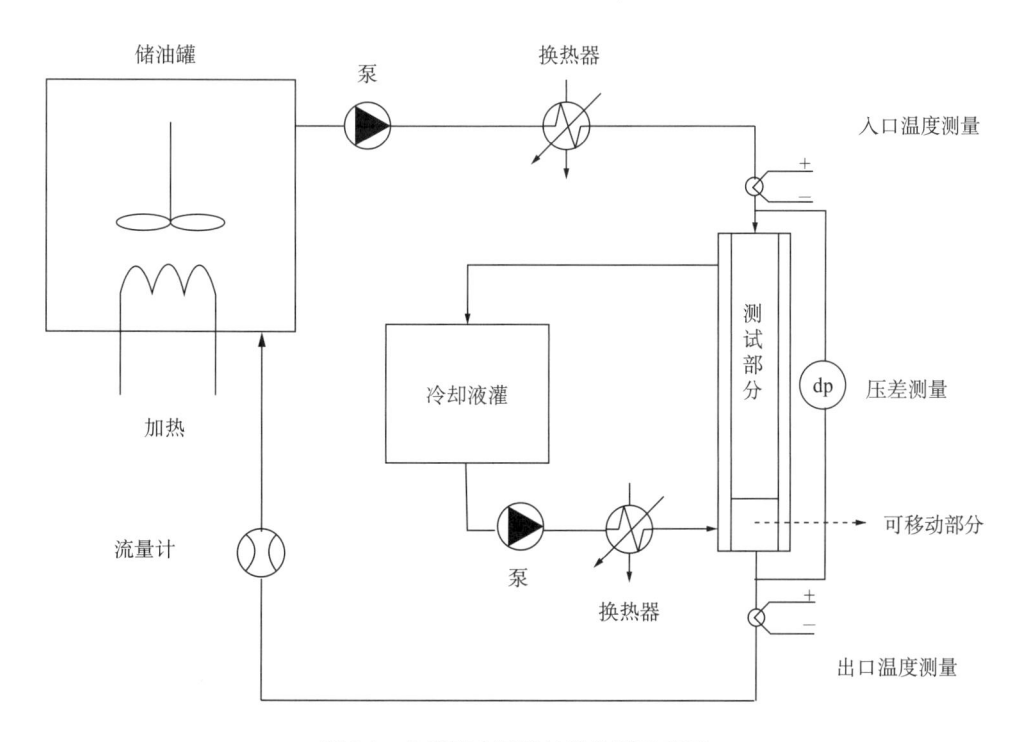

图 5.1 典型流动回路结蜡装置示意图

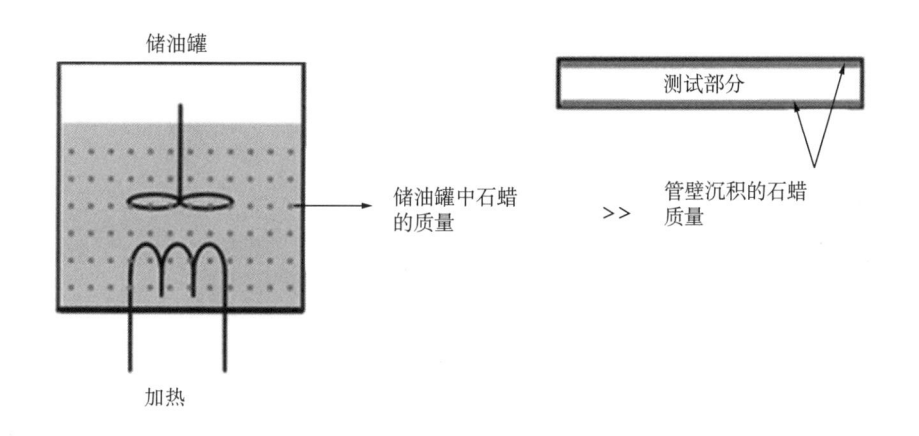

图 5.2 估算损耗效应的原则以确定合适的结蜡实验储油罐大小

结蜡测试前，储油罐中的原油需要分布均匀，以确保循环的原油组分能够代表现场所取原油。通过加热油管到析蜡点以上，同时用搅拌装置不断搅拌储油罐中原油。

根据沉积实验中原油流动所需的雷诺数（Re）来选择泵。在油管上安装流量计来测量原油流量。为了选择合适的冷却泵，需要提前进行传热计算以确定达到预期壁温所需的冷却液流量。

5.2.2 测试段

测试段是流动回路最重要的部分，是出现结蜡的地方。测试段原油通过冷却环空冷却。由于水具有高热容，通常选其作为冷却液（Hoffmann 和 Amundsen，2010）。其他研究中用水与乙二醇混合液来降低凝固点，可以增加它的冷却能力（Hernandez，2002）。冷却液的入口温度一般通过冷却装置控制。

直管段应位于测试段上部，以确保速度剖面充分均匀。结蜡过程中由于管壁结蜡，油管的有效直径减小，测试段压差增大。有效直径可以由压降计算出来，而压降可以由安装在测试段进出口处的压力传感器测量。

测试段温度特征会引起复杂问题。测试段温度测量通常不令人满意，这是由于温度测量仪器如热电偶可能会干扰油的流动和表面结蜡，极大地影响其测量精度。因此，热电偶通常安装在测试段上游入口处和下游出口处，用来监测油和冷却液的平均温度。

最理想的情况是能够测量内管壁温度或沉积表面温度，该温度代表了发生结蜡时的实际温度。然而，固体表面附近的温度在靠近表面的边界层内变化很大（如图5.3所示）。边界层的厚度通常小于1mm。因此，如果热电偶的探针没有准确放置在内管壁表面，就会干扰边界层的流动，导致管壁的温度测量不准确。

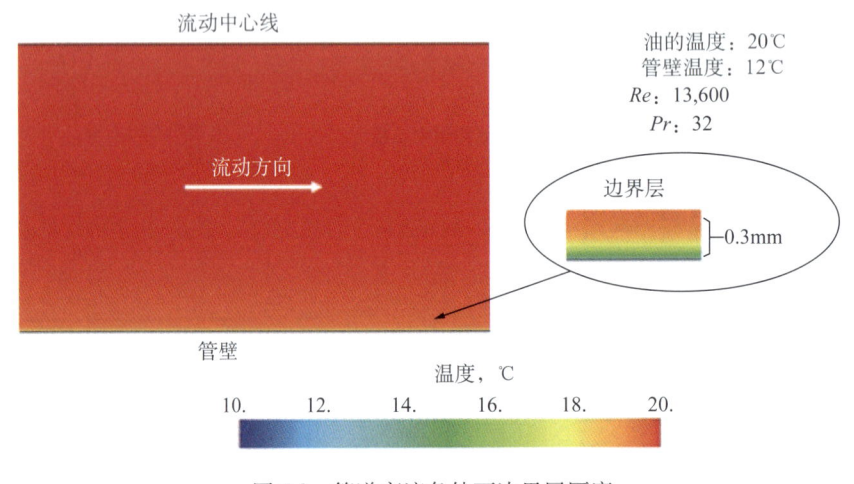

图5.3 管道紊流条件下边界层厚度

5.3 沉积特征

流动回路结蜡实验结束后，在内管壁表面形成一层蜡沉积。沉积物的特征需要进行仔细描述，这是因为测量结果经常为理论验证和模型校正提供重要信息。通常需要测量两个参数：沉积厚度和沉积物中蜡组分的构成。在这节，我们将讨论这些研究的不同模型。

5.3.1 结蜡厚度测量

过去几十年，发展了大量测量结蜡厚度的技术。有些技术已经用在实验研究中，其他一些技术仍处于发展阶段，在广泛使用前需要进行优化。这些技术将在这部分详细讨论。

5.3.1.1 压降技术

最常见的方法是压降法，这是因为压力传感器安装在测试段的入口和出口处，使得在整个结蜡实验过程中它对油流动的干扰最小。当使用这种方法时，经常用经验公式来确定有效管壁直径和结蜡厚度。Haaland 关系式就是一个单相油流动实例（Haaland，1983），并用于 Hoffmann 和 Amundsen（2010）的结蜡研究中。计算有效管道直径的关系式如下：

$$f_{\text{Darcy}} = -1.8 \lg_1 \left(\frac{\varepsilon_{\text{pipe}}}{3.7 d_{\text{pipe}}} \right)^{1.11} + \left(\frac{6.9}{Re} \right)^{-2} \quad (4000 < Re < 10^8) \tag{5.1}$$

在式（5.1）中，f_{Darcy} 是达西摩擦因子，可以通过以下表达式转换成水平管道中的压降：

$$\Delta p_{\text{pipe}} = \frac{8 f_{\text{darcy}} \rho_{\text{oil}} L_{\text{pipe}} Q_{\text{oil}}^2}{\pi^2 d_{\text{pipe}}^5} \tag{5.2}$$

由式（5.1）可以看出摩擦因子和压降取决于管道的粗糙度 $\varepsilon_{\text{pipe}}$ 和雷诺数，通常具有一定的不确定性。

当使用这个关系式需要注意以下几点：首先，由于蜡沉积在管壁上形成一层覆盖层，故式（5.1）中应该使用沉积物的粗糙度而不是管壁的粗糙度。然而，沉积物的表

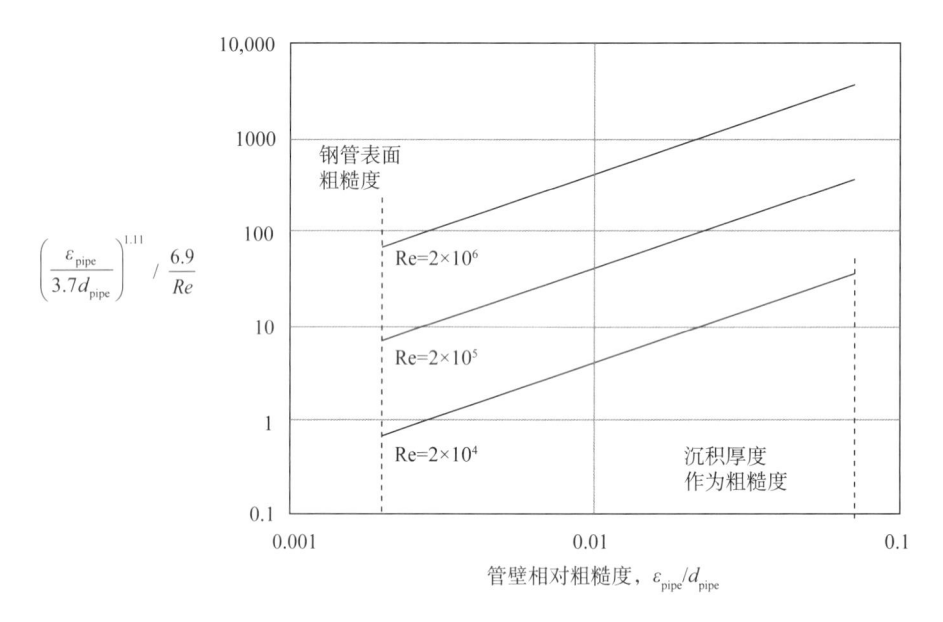

面形态取决于很多因素，包括蜡组分的构成和操作条件。因此不同测试中沉积物的粗糙度是不同的。基于 Haaland 关系式，粗糙度的影响如图 5.4 所示。

图 5.4 不同雷诺数时管壁粗糙度对摩擦因子的贡献

y 轴代表方程（5.1）右边括号里两项的比值。这个比值反映了粗糙度对摩擦因子的影响，而且这种影响会随雷诺数增大而增大。例如，实验室结蜡实验中使用钢管尺寸为 2in，钢管表面的粗糙度约为 50μm。这个值对应的相对粗糙度（$\varepsilon_{pipe}/d_{pipe}$）为 2×10^{-3}。如图 5.4 左边的虚线所示，雷诺数为 20000 时，相对粗糙度小于 1，这表明摩擦因子（和压降）在该范围内受粗糙度的影响不大。另一个极端情况，如果在此关系式中选用结蜡厚度作为管壁粗糙度，会得出完全不同的结论，这是 Noville 和 Naveira（2012）研究中采用的方法。在这种情况下，粗糙度参数的值可高达几个毫米。这个值相当于 0.07 的相对粗糙度，如图 5.4 右边的虚线所示。在相同雷诺数下（20000），相对粗糙度超过 50，这表明粗糙度参数对压降的影响很大。在这种情况下，使用结蜡厚度作为管壁粗糙度，压降对结蜡厚度相当敏感。直观地，使用结蜡厚度作为管壁粗糙度的方法只适用于结蜡没有完全覆盖测试段的情况（例如原油与部分管壁没有接触的多相流）。

原油单相流结蜡实验中，沉积物完全覆盖测试段，Hoffmann 和 Amundsen（2010）发明了一种技术，即利用流量的短期变化来估计不同操作条件下蜡沉积表面的粗糙度，研究表明粗糙度范围为 5 ~ 40μm。

第二个不确定性参数通常是原油黏度，该值通常用来确定雷诺数。大多数摩擦因子关系式是基于牛顿流获得，故用来确定雷诺数的黏度与剪切速率无关。然而，在原油中析出的蜡晶体会导致非牛顿流特性。对于非牛顿流，黏度取决于流场内的剪切速率，故也取决于原油流量。此外，对于某一流量下的结蜡实验，需要考虑径向上原油黏度的变化，这是由于流场中径向上的剪切速率变化很大。因此，需要在二维（轴向和径向）动量方程的流变参数中考虑多维计算流体力学，以评估测试段压降，并最终确定结蜡厚度（Crochet，Davies 和 Walters，1991）。考虑到多相流动的复杂性，一维压降经验公式不适合用来描述非牛顿流的摩擦因子。因此，一般通过比较压降和其他方法（如质量测量）来确定结蜡厚度，以了解不确定性的范围。

在多相流结蜡实验中，流体力学主要取决于流型（分层流、环空流、段塞流和分散流）。多数情况下，流动处于非轴向对称状态，结蜡在管壁并不均匀（如气液分层流动条件下）。因此，一维多相流水力学关系式由于太多的不确定性而不能准确预测结蜡厚度。

5.3.1.2 质量测量技术

安装了可移动管的测试段，可以通过测量和比较实验前后管的质量来获得管内结蜡质量。在结蜡实验结束后，沉积物表面通常会发现一层很薄的残余油。这种情况下，通常使用氮气清洗管线，除去残余油而实现结蜡质量的准确测量。除去残余油对结蜡样品的组分分析也很重要。

为了将结蜡质量转化成结蜡厚度，需要获取蜡密度。Hoffmann 和 Amundsen（2010）通过刮掉可移动管线内的结蜡并放入气驱密度计中。密度计用气体作为驱替剂，这样状态方程更容易建立和校准。气体驱替少部分且已知质量的样品（不是移动管中所有的结蜡），这样就能计算出该少部分样品的密度。根据沉积物的密度值，可移动管线内全部沉积物的体积就可以计算出来。通常会发现沉积物的密度比油的密度稍高，这是因为沉积物在管壁形成时发生了缩水（Lee，2008）。

5.3.1.3 传热技术

传热技术利用了结蜡的绝热效应。在结蜡实验过程中，管壁结蜡充当了管壁的绝热层，减少了原油热量损失。热量损失可以由原油出口处的温度升高看出来（Hernandez，2002）。能量平衡方程用于确定结蜡厚度见方程（5.3）至方程（5.5），对流示意图如图 5.5 所示。

$$\Delta Q_{\text{thermal}} = \rho_{\text{oil}} C_{\text{p}} \left(T_{\text{oil,inlet}} - T_{\text{coolant,outlet}} \right) = \pi U_{\text{overall}} d_{\text{outer}} L_{\text{pipe}} \Delta T_{\text{lm}} \quad (5.3)$$

$$\Delta T_{\mathrm{lm}} = \frac{\left(T_{\mathrm{oil,inlet}} - T_{\mathrm{coolant,inlet}}\right) - \left(T_{\mathrm{oil,outlet}} - T_{\mathrm{coolant,outlet}}\right)}{In \dfrac{T_{\mathrm{oil,inlet}} - T_{\mathrm{coolant,inlet}}}{T_{\mathrm{oil,outlet}} - T_{\mathrm{coolant,outlet}}}} \quad \text{同向流}$$

$$\Delta T_{\mathrm{lm}} = \frac{\left(T_{\mathrm{oil,inlet}} - T_{\mathrm{coolant,outlet}}\right) - \left(T_{\mathrm{oil,outlet}} - T_{\mathrm{coolant,oinlet}}\right)}{In \dfrac{T_{\mathrm{oil,inlet}} - T_{\mathrm{coolant,outlet}}}{T_{\mathrm{oil,outlet}} - T_{\mathrm{coolant,inlet}}}} \quad \text{反向流} \tag{5.4}$$

$$\frac{1}{U_{\mathrm{overall}}} = \frac{d_{\mathrm{outer}}}{d_{\mathrm{effectiveinner}}} \frac{1}{h_{\mathrm{internal}}} + \frac{d_{\mathrm{outer}}}{2k_{\mathrm{pipe}}} In \frac{d_{\mathrm{outer}}}{d_{\mathrm{inner}}} + \frac{d_{\mathrm{outer}}}{2k_{\mathrm{deposit}}} In \frac{d_{\mathrm{outer}}}{d_{\mathrm{effectiveinner}}} + \frac{1}{h_{\mathrm{coolant}}} \tag{5.5}$$

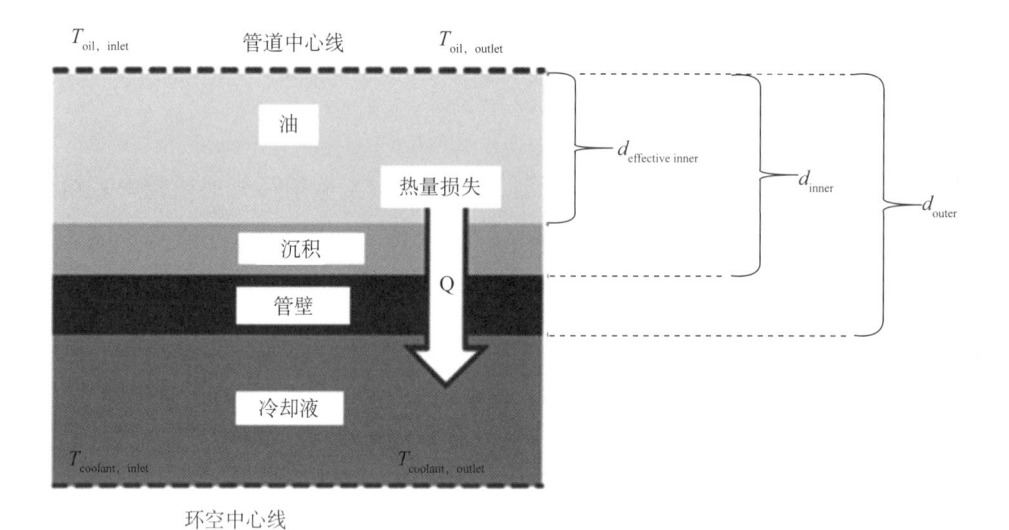

图5.5 结蜡过程中径向传热示意图

从式（5.5）可以看出，总热阻 $1/U_{\mathrm{overall}}$ 代表径向上各热阻的总和（油相、沉积物、管壁、冷却液）。油相的热阻 $d_{\mathrm{outer}}/(d_{\mathrm{effectiveinner}} h_{\mathrm{oil}})$ 取决于油相的传热系数 h_{oil}，可以通过经验公式可以获得，如 Sieder 和 Tate 的紊流关系式。

$$h_{\mathrm{oil}} = \frac{k_{\mathrm{oil}}}{d_{\mathrm{effectiveinner}}} Nu_{\mathrm{oil}} = \frac{k_{\mathrm{oil}}}{d_{\mathrm{effectiveinner}}} \times 0.027 Re^{0.8} Pr^{1/3} \left(\frac{T_{\mathrm{centerline}}}{T_{\mathrm{deposit\,interface}}}\right)^{0.14}$$

$$0.7 < Pr < 16700$$

$$Re > 10000 \tag{5.6}$$

$$\frac{L_{\text{pipe}}}{d_{\text{effective inner}}} > 10$$

黏度比 $(\frac{T_{\text{centerline}}}{T_{\text{deposit interface}}})^{0.14}$ 考虑了径向传热造成径向黏度不均匀的影响。原油—沉积物界面处原油黏度很难确定。某些情况下,假定黏度比一致(Lund,1998)。冷却液的热阻 $1/h_{\text{coolant}}$ 可以采用类似的方法确定,即通过经验公式计算冷却液的传热系数。

另外两个热阻是沉积层和管壁的热阻,它们的值取决于沉积物和管道的尺寸和热力学性质相关的参数。这些参数中,原油流动的有效直径直接与结蜡厚度相关,见式(5.7)。通过求解方程(5.6)得到原油流动的有效直径 $d_{\text{effective inner}}$,结蜡厚度可以简单表示成

$$\delta_{\text{deposit}} = d_{\text{inner}} - d_{\text{effective inner}} \tag{5.7}$$

需要指出的是,传热方法存在一些缺陷:首先,实验室规模的测试段从几米到几十米,出入口温度差不会很大。这种情况下,热电偶测量的不确定性会极大影响结蜡厚度测量的准确性。此外,测量前沉积物的导热性必须是已知的。然而,沉积物是原油与蜡晶体的混合物,蜡晶体的导热性比原油高 50%~100%(Singh,2000)。因此,沉积物的导热性主要取决于沉积物中原油的体积分数,而在结蜡实验过程中不可能获得原油的体积分数,即使在结蜡结束后,也很难测量原油的体积分数。这是因为将沉积物从管线中转移到测量装置的过程中温度发生了变化,导致原油的体积分数发生变化。因此,传热方法并未广泛使用以确定结蜡厚度。

5.3.1.4 液体驱替测量技术

液体驱替测量技术是由塔尔萨大学发明的,并在 21 世纪结蜡实验中广泛应用。这项技术是通过测量结蜡前后可移动的管线的体积变化来确定石蜡沉积的体积。测量石蜡沉积后可移动管线的体积的方法是在可移动管中驱替水或者其他液体。当测量柔软或薄的沉积厚度时,这种技术就受到限制,这种方法是基于前后两体积(石蜡沉积前后管线的体积)相减。对于薄的沉积物,沉积物顶部的残余油层会增大测量误差。对于柔软的沉积物,部分沉积物会在测量中被移除。

5.3.1.5 其他不常用的测试技术

(1)激光技术。

Hoffmann 和 Amundsen(2010)在单相和多相流实验中应用激光光学测量结蜡厚度。结蜡实验后,将激光源安装在管道中心,沿着石蜡沉积的表面产生圆形的投

影，如图 5.6 所示。照相机用于记录投影图像和最强光照下的石蜡沉积表面的径向位置，以管道中心为原点建立坐标系。在这项研究中，对比了激光测量技术与压降测试技术及质量测试技术，激光技术与其他方法所得结果一致。但是，由于流动场的干扰和设备稳定性问题，这种方法只能在沉积实验完成后进行，因此只能测量最终的结蜡厚度。

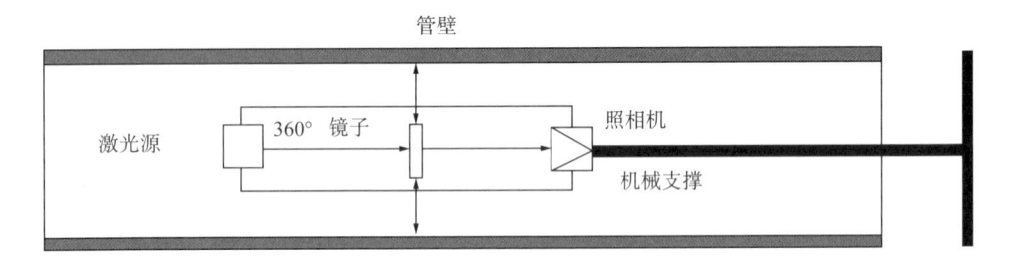

图 5.6　激光测量沉积厚度的示意图

（2）声波测量。

声波测量是通过描述声波经过管道时性质的改变来确定结蜡厚度。这种方法的优点是测量装置可以安装在管壁的外表面，从而消除管流的干扰。因此，这种方法可以在结蜡过程中连续地测量结蜡厚度。利用声波测量的研究包括 Esbensen 等（1998），Lund（1998），和 Halstensen，Arvoh，Amundsen 和 Hoffmann（2013），尝试确定结蜡的厚度。但是目前还不能证实这种方法在测量上有可靠的一致性，有待于进一步的发展（Halstensen 等，2013）。

5.3.2　蜡沉积组分分析

结蜡过程中，沥青分子的径向扩散引起沉积物增加。因此，沉积物组分为描述不同石蜡组分的分子扩散程度的重要参数。Singh 等人（2000）率先利用高温气相色谱分析进行了蜡沉积组分的研究，发现沥青的碳原子数存在一个临界值，称为临界碳原子数（CCN）。沥青的碳原子数超过临界碳原子数将会在沉积过程中增加沉积，而沥青的碳原子数低于临界碳原子数时将会减少沉积。沉积物中含蜡组分的体积分数的变化 $[F_i(t)-F_i(0)]$ 能够计算出，如图 5.7 所示。

Hoffmann 和 Amundsen（2010）进一步表明临界碳原子数很大程度上取决于油组分和操作条件，如图 5.7 所示。沥青的溶解度通常随碳原子数的增加而减小。换言之，当温度降低，重质沥青比轻质沥青更易析出，因此更容易增加石蜡沉积的质量。不同沥青的溶解度差异解释了临界碳原子数的变化，如图 5.8 所示。

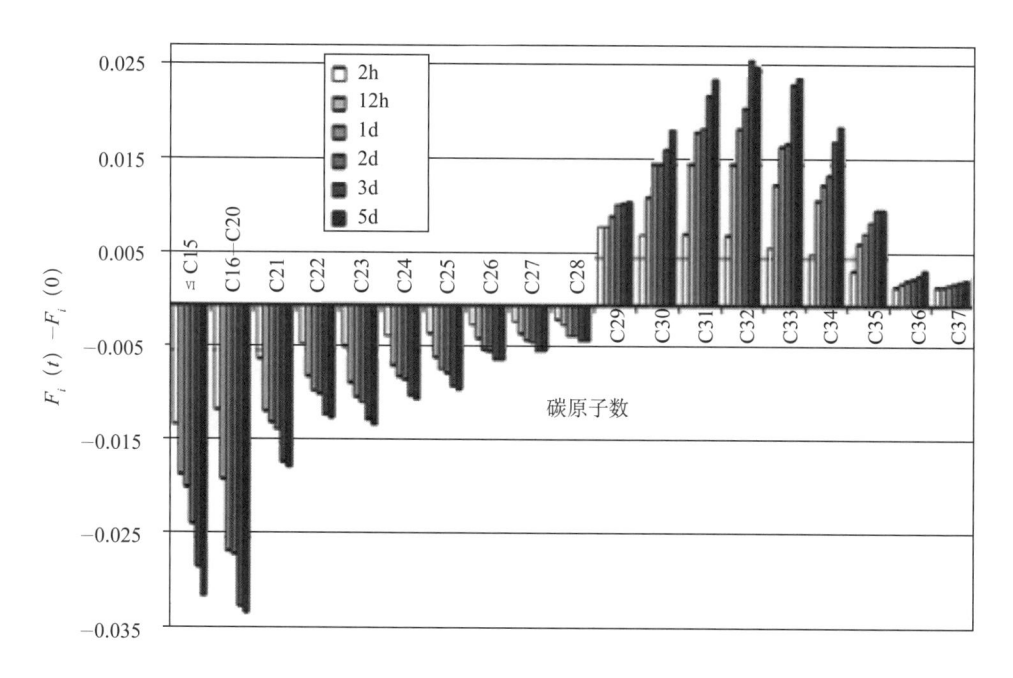

图 5.7　在结蜡过程中重质含蜡组分的增加

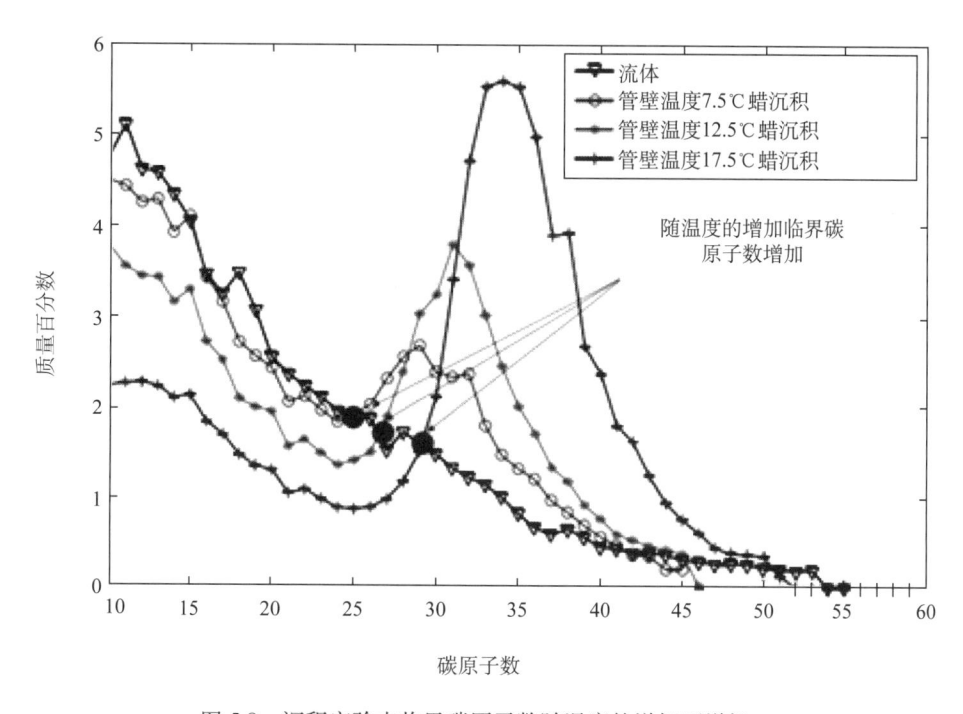

图 5.8　沉积实验中临界碳原子数随温度的增加而增加

蜡沉积中的碳原子分布信息可为结蜡模型提供重要信息，将在 6.5 节会详细叙述。

5.4 冷凝管结蜡装置

流动回路沉积装置的维修和运转都很昂贵。另一方面，冷凝管结蜡装置更便宜且测试所需的油体积更小。很多冷凝管装置常用于筛选化学剂（Jennings 和 Weispfennig，2005）。

冷凝管装置的两个主要部件即沉积容器和循环系统，如图5.9所示。沉积容器包括金属圆柱体，通常指冷凝管探针。探针内的导管用于循环冷却液（乙二醇或水），维持探针处于较低的温度下，这样石蜡将会在其外表面沉积。结蜡实验过程中，探针放在油箱中。容器通常配备有搅拌器以实现剪切。冷凝管的流动场通常是泰勒—库埃特型，有一定程度的轴向循环（两个管之间方位角流动）。这种类型的流动与正常的管流差别很大（Senra，2009）。与流动循环沉积实验类似，残余油会吸附在冷凝管中形成的沉积物上。为了去除残余油，将冷凝管和探针浸泡在甲基乙基酮中可以洗掉沉积物表面的残余油。为了提高实验效率，可以将几个沉积容器放在热水浴中，这样可以同时进行不同探针温度的多组冷凝管实验（Couto，2004）。循环系统包括加热系统和制冷系统。温度测量通常用于确保原油与冷凝管探针的温度梯度。冷凝管沉积设备的变型是"有机固体沉积单元"，其中使用旋转探针代替搅拌器（Akbarzadeh 和 Zougari，2008）。这种情况下，探针常指"主轴"，探针延伸到油箱底部，如图5.10所示。非流动循环装置的缺点之一是油的"石蜡衰减"，指沉积过程中由于油中含蜡

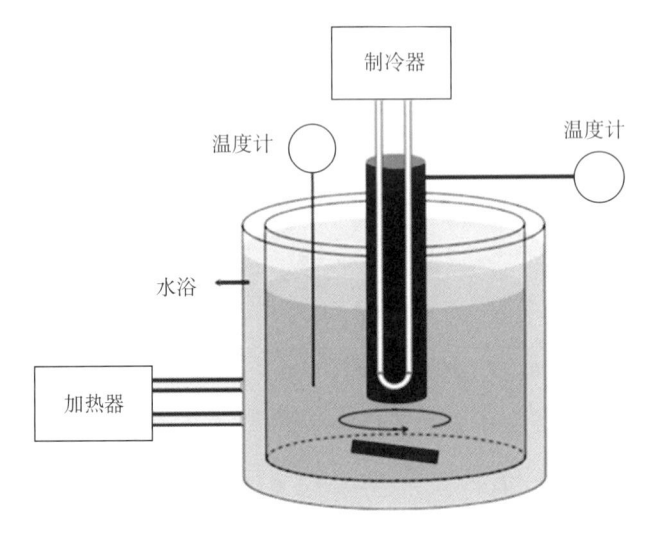

图5.9 冷凝管结蜡实验装置示意图

组分的浓度降低，沉积的趋势减小。如果测试的油的石蜡含量很低，那么石蜡衰减的影响会很大。此外，因为这些设备中的流动场和管道中的流场差异很大，所以结蜡模型中没有广泛应用。

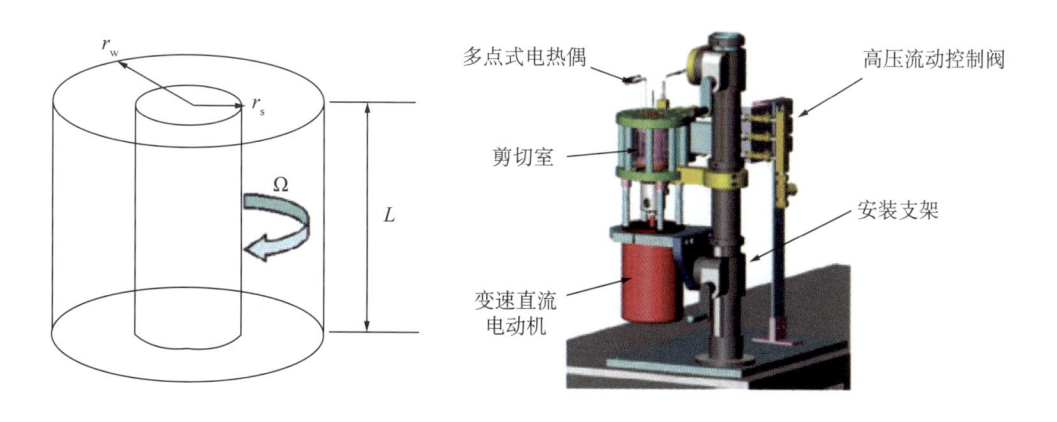

图 5.10 有机固体沉积容器示意图

5.5 进行流动循环蜡沉积实验

这部分将简要介绍一般结蜡实验步骤。流动循环结蜡实验建立的详细描述和 Matzain（1997），Lund（1998），Singh 等人（2000），Hernandez（2002），Alana（2003），Couto（2004）及 Hoffmann 和 Amundsen（2010）的研究实例。

5.5.1 设置实验装置

试验前，需要测试流动循环装置的气密封性。流量计、压力传感器和热电偶需要校准，保证测量的可靠性。

5.5.2 油的特征描述

石油的性质对于理解结蜡实验结果很重要，因此，石油需要好好表征。必须测量石油的组分（特别是沥青的分布），并要进行石蜡析出测试（详细的石蜡热力学特征和模型分别见第 2 章和第 3 章）。测量不同剪切速率和温度下石油的黏度，来评估析出的石蜡晶体可能引起的非牛顿流行为。蜡沉积前的石油特征对石蜡—石油热力学提供了重要信息，并且是确定结蜡模型基准和沉积实验不可分割的部分。

5.5.3 结蜡测试

结蜡实验前,将油加热至高于结蜡温度并在整个流动回路中循环一段时间,以清除上次实验中残留的石蜡沉积。油和冷却液的温度要下降到预期的操作条件下。设置合理的油和冷却剂温度下降过程,进而避免油的温度达到在目标温度前发生结蜡。结蜡过程中,通过测量实验区域两段压差来检测沉积物的增长。

5.5.4 沉积厚度测量和蜡沉积物描述

在结蜡实验的最后,流动停止,石蜡沉积也停止增长。很多流动循环装置由可移动部分组成,能进一步进行沉积描述。沉积表面通常被残余油层覆盖,会干扰沉积描述,通常使用氮气冲洗测试部分,清除残余油膜。

沉积描述包括厚度和组分分析。沉积物厚度可以卡尺测量。此外,通过比较可移动部分实验前后的质量,可以测量出石蜡沉积的质量。测量厚度的三种方法(卡尺、质量和压力降)可以结合使用来鉴定不确定的结果。石蜡沉积的组分可以通过高温气相色谱获得。沉积物数量和组分为确定结蜡模型的基准提供了重要信息。

5.6 小结

第 2 章介绍了不同结蜡析出的实验方法,本章介绍了几种典型的结蜡装置和循环流动式结蜡实验的流程。以上两章介绍的各种设备工具和相关的理论研究,为组建结蜡研究实验室或者拓展现有实验条件研究石蜡析出沉积提供了有力参考。在第 6 章,将讨论一系列结蜡实验的结果,并通过对实验结果深入研究,进而揭示一部分控制石蜡沉积的关键参数。

6 结蜡模型在流动循环实验中的应用

6.1 引言

结蜡模型的目标是实现严格可靠地预测现场管线结蜡。为实现这个目标,有必要全面了解石蜡模型的性能和缺陷。现场数据是直接检验结蜡模型最理想的选择,但是现场数据通常不可获得也不能很好地控制和监测。

相反,室内结蜡实验能提供唯一机会以确定结蜡模型的基准,因为实验设计和描述很容易。室内实验的结果通常可以帮助我们对现场的管线建立有根据的推测。将结蜡模型应用到流动循环实验的过程中能帮助我们选择最佳的沉积模型,理解沉积现象和辨别结蜡模型中可调参数的最佳配置。这一章,将结蜡模型应用到结蜡实验的过程和实验分析中。

6.2 结蜡模型的不确定性

结蜡模型提供的蜡沉积厚度是时间的函数,某些情形下,沉积物的组分在结蜡过程中演变。因此,在利用结蜡模型模拟预测结蜡厚度之前,了解结蜡模型中相关的不确定性至关重要,下面将介绍结蜡模型的不确定性因素。

6.2.1 析蜡曲线描述

蜡析出曲线是结蜡模型最重要的输入变量之一,因为它包含了假设热力学平衡条件下不同温度、压力下油中剩余多少蜡的信息。但是,如前面第 2 章详细讨论的,析蜡曲线的描述并不总是完美的。例如差示扫描量热法（DSC）的测量依赖于所有蜡质组分的结晶热的恒定平均。因为不同碳原子数的含蜡组分随温度表现出不同的沉淀特征，结晶热量的平均值在样品冷却过程中可能不是一个固定值。由于结晶热量在 100~300J/g 区间变化，学术研究和工业应用领域通常选择中间值 200J/g 作为结晶热量的计算值。

在获得原油的沥青组分后（第三章有介绍），通常用热力学模型来预测析蜡曲线，这个作为结蜡实验的替代方案。但是，大部分模型都假设原油中的固相完全溶解，显然这种假设不完全合理。及时调整模型匹配结蜡温度（WAT，代表石蜡析出曲线上的第一个点），也不能确保析蜡曲线的准确预测。

6.2.2 转移现象的经验校正

除了蜡析出曲线外，结蜡模型通过计算蜡转移计算来确定在流动条件下管壁上的结蜡程度。大多数结蜡模型很依赖热量传递和质量转移的经验公式。例如，管线内的石油和环空中的冷却液的热量转移系数分别可以从 Sieder 与 Tate (1936) 和 Monrad 与 Pelton (1942) 关系式得到。这些关系式在 20 世纪中期发展起来，在当时由于测量技术的限制有一定程度的实验不确定性。

此外，石蜡的质量扩散系数需要使用质量转移的经验公式。这个参数通常由 Hayduk 与 Minhas (1982) 或 Wilke 与 Chang (1955) 研究的关系式确定。这个关系式是根据二元稀溶液建立的，将它们应用到含大量多分散的含蜡组分的原油中时，不确定性会增大。

6.2.3 实验测量中的不确定性

结蜡模型的一个主要输出是结蜡厚度，它常与结蜡实验值进行对比。测量结蜡厚度最常用的实验方法是通过测量油管上的压力降。根据 Haaland (1983) 的经验水动力学关系式，管道中的压降可以用来确定沉积物的厚度。这些校正法极大地取决于原油黏度和管壁的粗糙度。原油的非牛顿流使原油黏度非常复杂，这在绝大多数确定结蜡厚度的修正方法中没有考虑。正如在第 5 章中详尽讨论的：油管壁面粗糙程度将在结蜡过程中随着油管壁面被蜡晶覆盖而变得非常复杂，而且结蜡表面粗糙程度不应该只是简单的估算。尽管一些研究观察到结蜡表面粗糙程度大约为 5~40μm（Hoffmann 和 Amundsen, 2010），但有研究认为结蜡厚度应该是油管壁面粗糙程度的函数（Noville 和 Naveira, 2012）。

6.2.4 标定结蜡的合理方法

以上的不确定性可能会对使用流动循环实验来测试蜡沉积模型产生悲观的看法。然而，对于大多数模型验证来说，这通常是正确的：仅用几组实验数据拟合数值模拟，而不进行任何敏感性分析，哪怕是盐颗粒的敏感性分析。

不幸的是，对于绝大多数行业应用，时间和成本极大地限制了上述工作的完成。在许多案例中，通过利用 1~2 组结蜡实验，再将所有的不确定性因素归一成两个修成参数，来标定结蜡模型，这也是最方便的办法。

实际上，许多工业实践中结蜡模型未进的实验室标定。然而，要评估和对比不同结蜡模型的预测结果，必须分析控制结蜡的物理条件，以及确定结蜡的关键参数。仅一两组实验结果标定出的结蜡模型不能对其他原油条件和工况下的结蜡进行深入准确的预测。因此，将结蜡模型与结蜡管流实验结合，获得不同工况下的结蜡预测模型，进而进行结蜡参数预测是有意义的。在生产实践中，通常没有足够的资源来实现上述流程。因此，6.3 节和 6.4 节将详细讨论综合模型验证的例子。

结蜡实验通常会得出两个主要结果：结蜡厚度和蜡组分随时间变化的函数。几乎所有的结蜡实验都会测量结蜡厚度，而且常被选作标定结蜡模型的变量。蜡组分提供了最具价值的揭示在结蜡过程中不同的蜡成分分布情况。不幸的是，一般在实验中未进行测量和分析组成。上述两种形式结果的理论分析将在本章余下部分进一步分析讨论。

6.3 应用结蜡模型求取结蜡厚度

6.3.1 结蜡实验优选

本章将重点介绍挪威 Porsgrunn 挪威国家石油公司 Herøya 研究中心开展的一系列全面的流动循环实验 (Hoffmann 和 Amundsen，2010；Huang, Lu, Hoffmann, Amundsen, 和 Fogler, 2011；Lu 等, 2012)。现在将介绍这个实验设施，用于实验用油以及测试条件，随后讨论实验结果。

6.3.1.1 实验设备

流体循环设备包括储油罐（容积 4m³）和测试管（长 5.5m、内径 5.3cm），测试管中有可拆卸式管段。实验流体经测试段的中心，冷却液（水）流经管与管之间的环空。流动循环实验设备概要如图 6.1 所示：

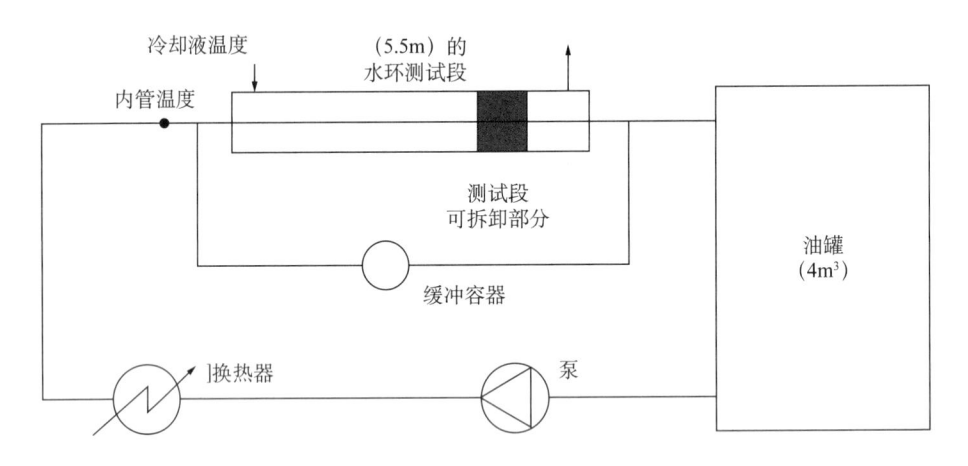

图 6.1 Statoil's Herφya 研究中心流动循环测试流程

6.3.1.2 实验用油

实验测试用油是来自北海的在 DSC 测试条件下密度为 809kg/m³ 以及结蜡温度为 20℃的含气态蜡的凝析油。使用丙酮沉淀测量凝析油（UOP46–64 法）得出蜡的含量约为 4.5%（质量分数）。Physica MCR 301 流变仪在不同的剪切速率下测得其黏度值如图 6.2 所示。

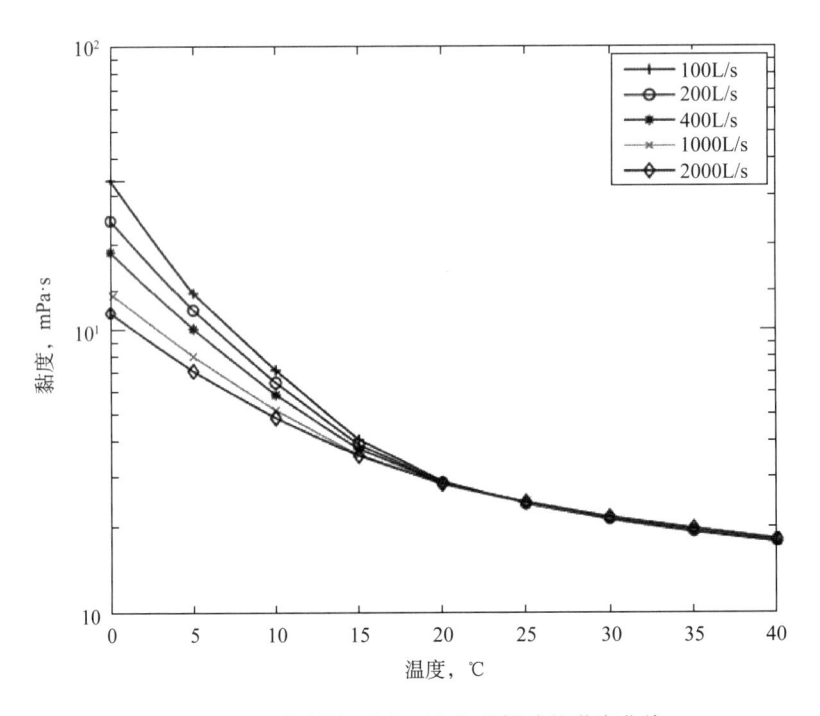

图 6.2 不同剪切速率下北海凝析油的黏度曲线

6 结蜡模型在流动循环实验中的应用

使用几种方法测得的蜡沉积曲线如图 6.3 所示。这些测试方法在 2.2 节中已介绍过。前面 Han，Huang，Senra，Hoffmann 和 Fogler（2010）已经介绍过使用离心法和 HTGC 法标定结蜡模型。另一种方法是基于平均结晶热量值为 200J/g 的基础之上的 DSC 法。由于复杂蜡实际结晶热量值处于 300～100J/g 之间（Hansen 等，1991），使用离心法＋HTGC 和 DSC 法的结果可以认为是相同的。

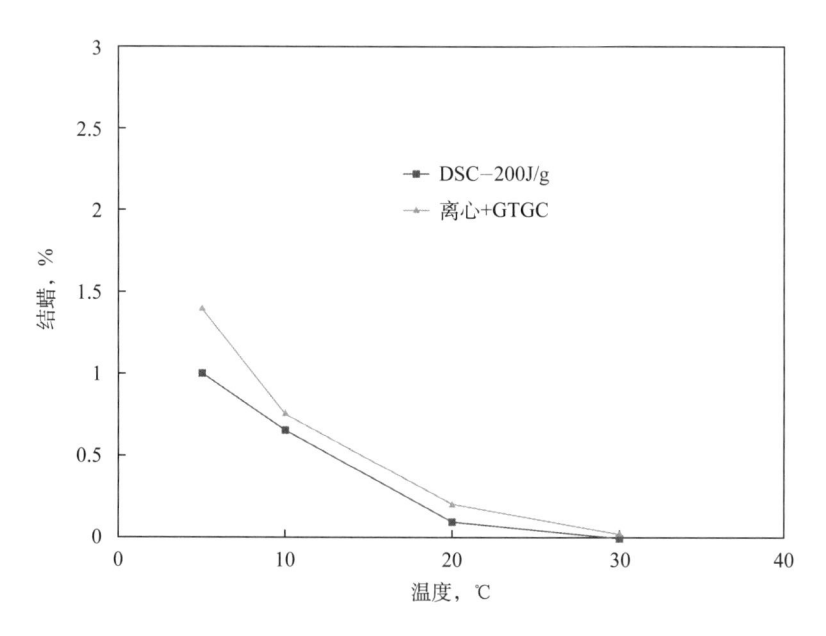

图 6.3 用不同方法表征北海凝析油结蜡曲线

6.3.1.3 实验条件

进行了三组结蜡实验：分别是不同原油温度、不同冷却液温度和不同原油流速条件下。表 6.1 介绍了离心法完成的三组实验。

表 6.1 Statoil's Herøya 研究中心结蜡实验总结

表6.1 Statoil's Herøya研究中心结蜡实验总结

介质	油进口温度 ℃	冷却液（进口）温度 ℃	油的流量 m³/h	冷却液的流量 m³/h
油的温度	15	5	20	5
	20			
	25			
	35			

续表

介质	油进口温度 ℃	冷却液（进口）温度 ℃	油的流量 m³/h	冷却液的流量 m³/h
冷却液温度	20	5		5
		10		
		15		
油的流速	20	10	5	
			10	
			15	
			21	
			25	

由压降法、质量法和激光法确定结蜡厚度。压降法测量为非侵入式法以及在结蜡过程中能够连续测量，然而对于像质量法和激光法那样的侵入式测量方法需要在实验的最后阶段进行。图6.4中对三种测量方法的连续性进行了对比。实验的可重复性通过重复了表6.1中的实验条件4次进行了验证（原油温度20℃，冷却液温度10℃，原油流速5m³/h；以及冷却液流速5m³/h），结果如图6.5所示。

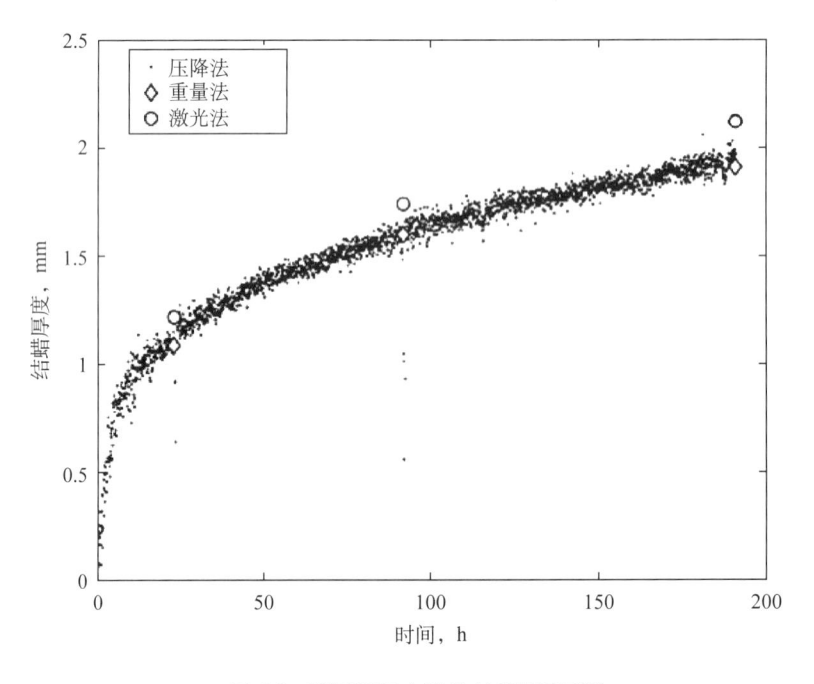

图6.4 不同测量方法的结蜡厚度对比

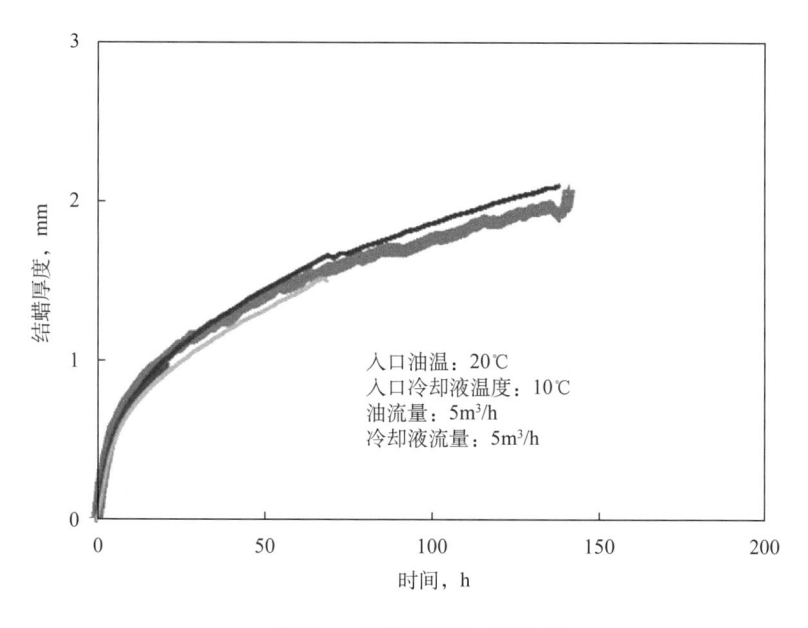

图 6.5 结蜡实验的可重复性

6.3.2 模型性能总结

名为"密歇根蜡预测器"（MWP）的结蜡模型用来模拟表 6.1 所示的一系列实验。MWP 的传输方程已经在第四章中讨论过了。我们不是调整蜡模型来匹配每个实验数据，而是选择消除蜡模型中的任何调整参数，并研究模型是否可以预测实验中显示的趋势。这是因为结蜡的不确定性会影响相似方向上的结蜡厚度。因此，通过观察一组实验（而不是单个实验）中所表现出的结蜡趋势，就可以削弱上述结蜡不确定性影响。因此，采用独立的热量和物质传输子模型来预测结蜡程度（Huang, Lee, Senra, 和 Fogler, 2011；Lee, 2008；Singh, Venkatesan, Fogler, 和 Nagarajan, 2000），预测结果和实验测量对比如图 6.6 至图 6.8 所示。

可以看出，当操作条件（油流量，油温或冷却剂温度）改变时，MWP 模型能够重现所有的沉积物厚度变化。表 6.2 概括了实验趋势与模型预测结果。

表6.2 实验趋势和MWP预测结果总结

工况变化	实验趋势	MWP 预测结果
增大流速	结蜡厚度降低	结蜡厚度降低
升高油温	结蜡厚度降低	结蜡厚度降低
升高冷却液温度	结蜡厚度降低	结蜡厚度降低

(a) 实验结果

(b) MWP模型预测结果

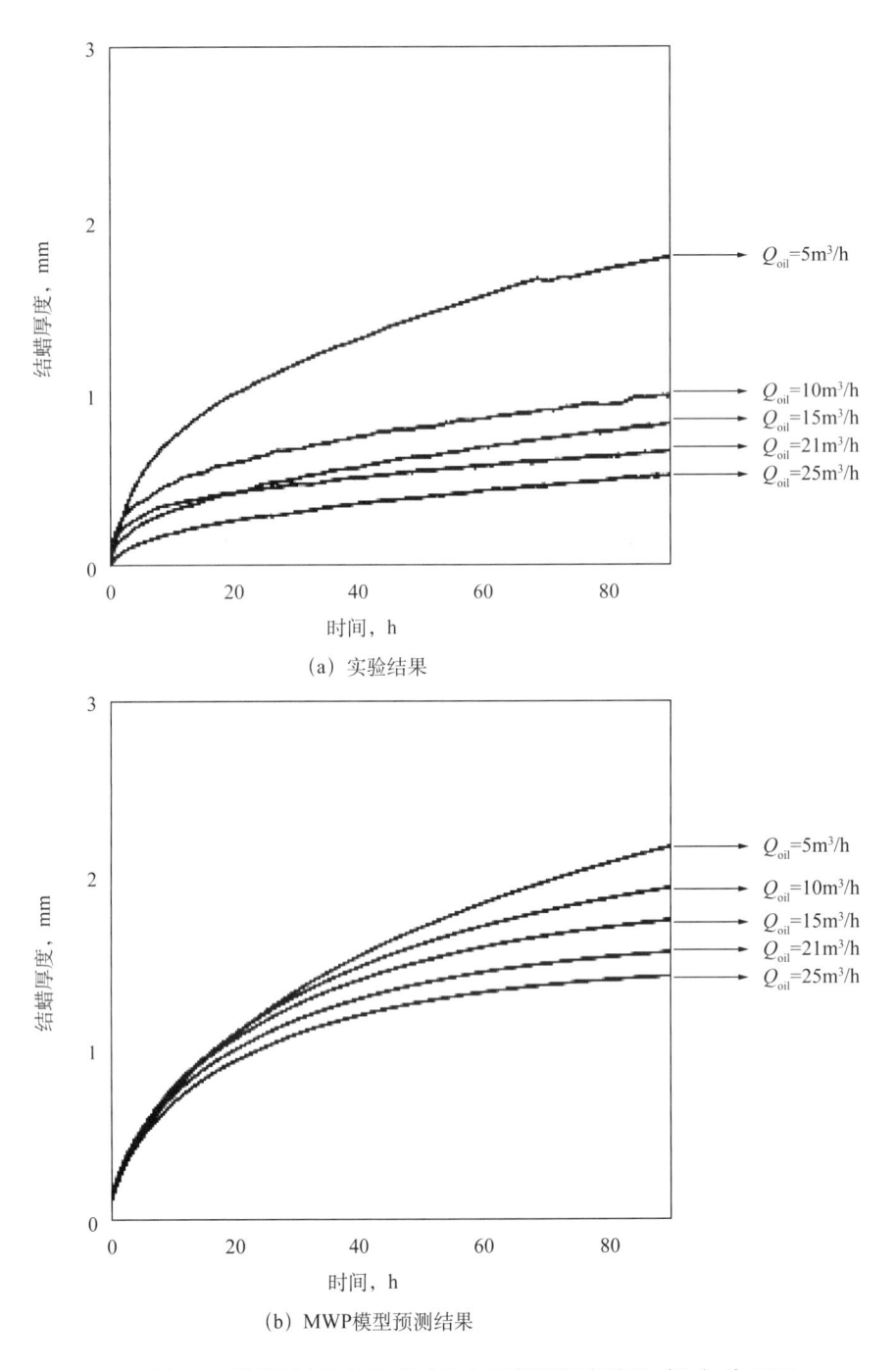

图6.6 结蜡厚度与油流速（Q_{oil}）函数图恒定油温（T_{oil}）为20℃，恒定冷却液温度（$T_{coolant}$）为10℃

(a) 实验结果

(b) MWP模型预测结果

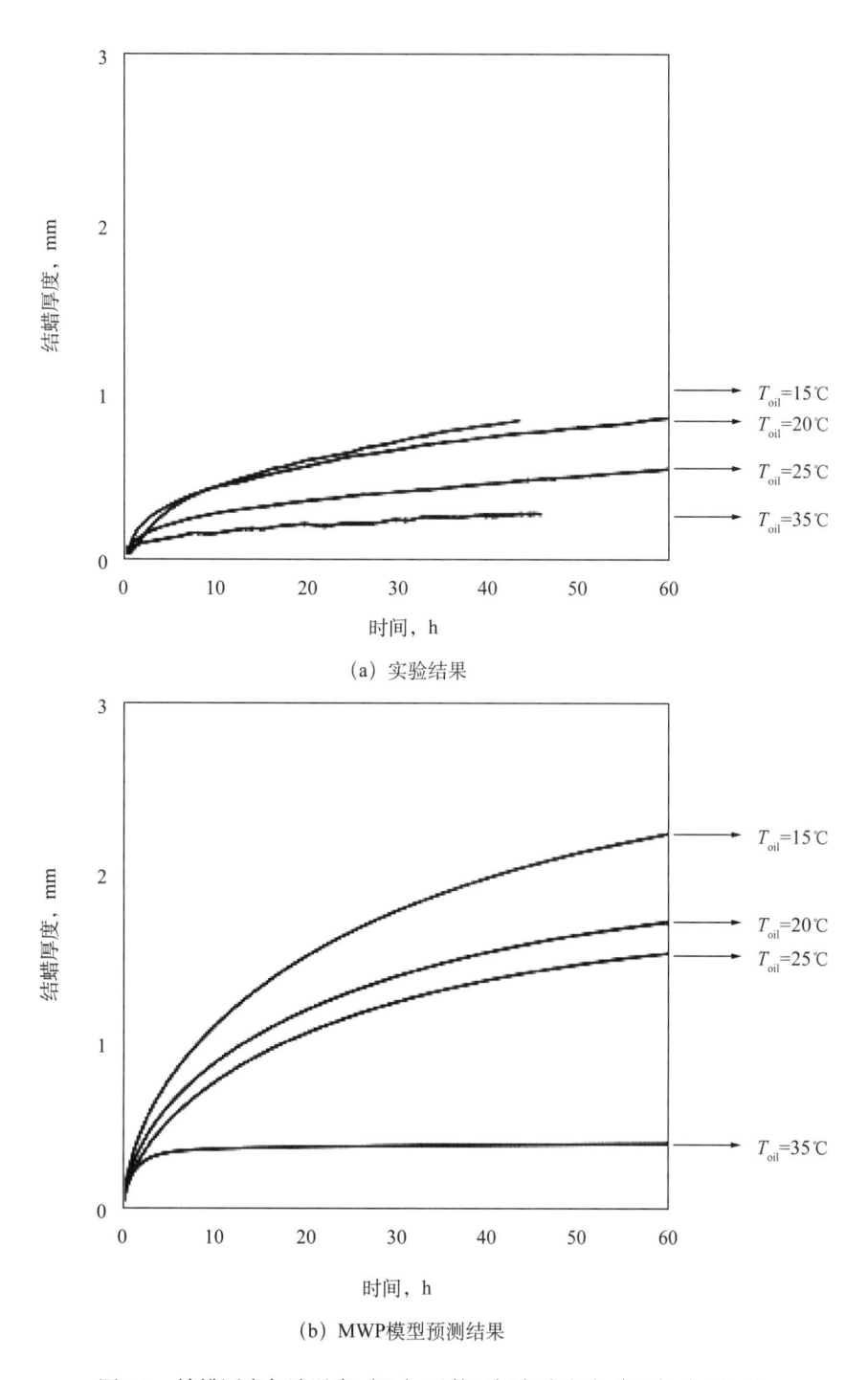

图6.7 结蜡厚度与油温度（T_{oil}）函数图恒定油流速（Q_{oil}）为20m³/h，恒定冷却液温度（$T_{coolant}$）为5℃

(a) 实验结果

(b) MWP模型预测结果

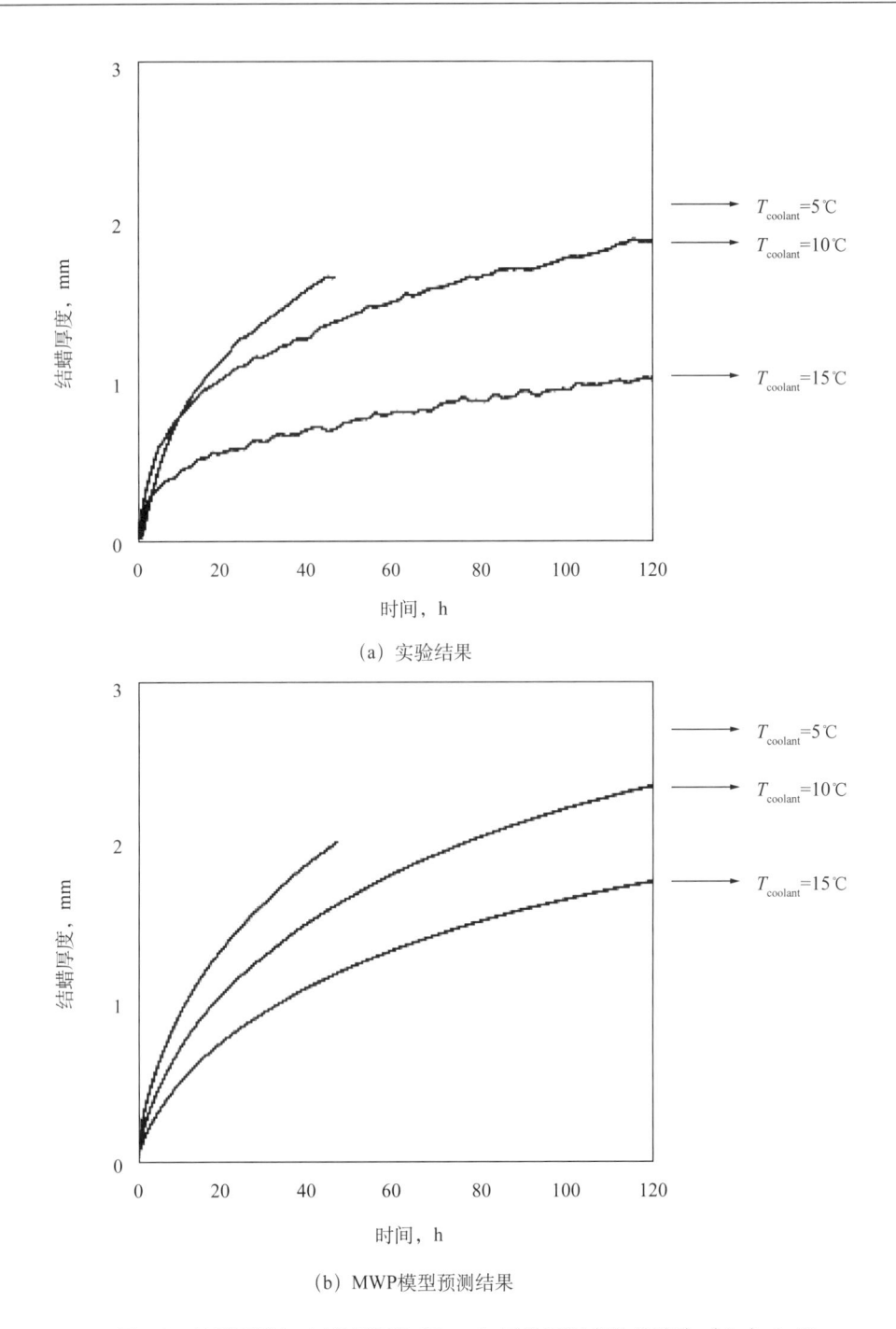

图6.8 结蜡厚度与冷却液温度（$T_{coolant}$）函数图恒定油流速为（Q_{oil}）5m³/h，恒定油温度（T_{oil}）为20℃

值得注意的是MWP模型不能精确拟合每次实验的结蜡厚度值。通过调整一个或两个可调参数来匹配所有的实验数据这既不实际，也不会提供重要的揭示结蜡的物理变化信息，结蜡模型的不确定性已在6.2.3小节进行了讨论。然而MWP模型却能够预测所有实验的结蜡趋势，不能夸大这一成就的重要性。首先，必须确定原油流速和原油温度变化对现场管柱模型的放大倍数，由于实验室中的原油流速区间在5～25m³/h；而在现场管柱中原油流速区间在10000～30000bbl/d（即66～200m³/h）。尽管在实验室管流测试段的5.5m长管柱内的原油温度保持恒定，而现场管柱中的原油温度变化区间高值为70℃，低值为接近大洋底部温度4℃。因此，获得放大倍数对预测特定工况条件下的结蜡厚度至关重要。根据作者的描述，目前还没有公开发表的与MWP模型相媲美的结蜡预测模型。6.4节中将基于Huang等人（2012）的研究成果，深入分析模型的热量传输和物质传输模型，进而证明MWP模型的可靠性。

6.4 结蜡实验的热传输和物质传输分析

本节将分析一个重要的问题的答案：当工况条件改变时，那些要素会导致结蜡厚度发生变化？换句话说表6.2所列的结蜡趋势，这种趋势是否适用于完全不同的工况条件下的其他油品？因此，有必要首先回顾其他几个以前的实验研究中显示的趋势。

6.4.1 温度对结蜡实验的影响

由于结蜡是径向温度差的结果，所以一些结蜡实验研究中将这种差异称为蜡沉积的"热驱动力"（Bidmus和Mehrotra，2009；Creek，Lund，Brill和Volk，1999；Singh等，2000）。研究中，热驱动力是指散装油与冷却液之间的温度差。结蜡研究通常在不同的热驱动力下进行。Jennings和Weispfennig（2005）的研究中，用冷凝管结蜡装置研究自墨西哥湾原油，研究发现冷凝管装置温度较高时（较小的热驱动力）产生少量的蜡沉积。Creek等人（1999）在流动循环实验中也发现了类似的结果，即当冷却液温度升高（降低热驱动力）时结蜡厚度减小。因此，通常认为结蜡厚度随热驱动力的减小而减小。

然而，实际上其他研究中也发现有例外的。Paso和Fogler（2004）的冷凝管研究发现较低的原油温度（较小的热驱动力）也产生了较大的结蜡厚度。Bidmus和Mehrotra（2009）的迷你型流动循环研究也观察到了不同的趋势：当原油温度高于析蜡温度时（即"热流动"），结蜡量会随着热驱动力的增大而降低。当原油温度低于析蜡温度时（即"冷流动"），结蜡量会随着热驱动力的减小而降低。

鉴于所报道的许多不同实验观察结果，首先会发现关于不同温度下的结蜡行为没有确切的结论。实际上，由于原油条件和工况不同，任何一组结蜡实验结果都未必适用于其他条件下的结蜡实验。但是所有结蜡实验所涉及基本传热和传质方程是相同或相似的。因此这也让人们看到了希望，传输理论为解释这些不同的实验结果提供了一条基本准则。

6.4.2 理论分析

本小节将进行深入的传质分析，以确定控制结蜡行为的基础物理特性。为了实现这个目标，首先将应用传输分析中的经典方法之一——无量纲分析。

6.4.2.1 传输方程的无量纲化

图 6.9 中显示了在常规管流条件中物质传输特性的概要。在 MWP 中该等式用于描述在以式（6.2）为边界条件下的式（6.1）中的过程。

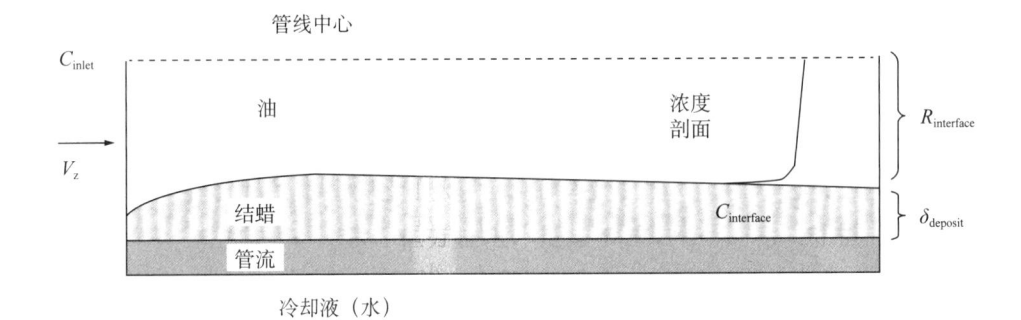

图 6.9　常规管流条件下的结蜡剖面进程

$$V_z \frac{\partial C}{\partial z} = \frac{1}{r}\frac{\partial}{\partial r} r(\varepsilon_{mass} + D_{wax})\frac{\partial C}{\partial r} \tag{6.1}$$

$$\begin{aligned}&z = 0, \quad C = C_{inlet}\\&r = 0, \frac{\partial C}{\partial r} = 0\\&r = R_{interface}, \quad C = C_{interface}\end{aligned} \tag{6.2}$$

式中　C——原油中溶解的蜡分子浓度；

　　　V_z——管中油流轴向速度场；

　　　ε_{mass}——当流动为湍流时的涡流质量扩散；

　　　D_{wax}——油中蜡分子的油中蜡的质量扩散（也叫蜡的质量扩散系数）；

　　　r，z——系统中的两个坐标。

可以看出，式（6.1）代表了经典的二维Graetz轴向对流和径向扩散问题。无量纲比见式（6.3），物质平衡方程和边界条件可转化为式（6.4）和式（6.5）。

$$\theta=\frac{C-C_{\text{interface}}}{C_{\text{inlet}}-C_{\text{interface}}}, \quad v=\frac{V}{U}, \quad \lambda=\frac{z}{L}, \quad \eta=\frac{r}{r_d}, \quad Gz=\frac{d_d^2 U}{L(\varepsilon_{\text{mass}}+D_{\text{wo}})} \qquad (6.3)$$

$$v\frac{\partial \theta}{\partial \lambda}=\frac{1}{\eta}\frac{\partial}{\partial \eta}\frac{4}{Gz}\eta\frac{\partial \theta}{\partial \eta} \qquad (6.4)$$

$$\begin{aligned}&\lambda=0, \quad \theta=1\\&\eta=0, \frac{\partial \theta}{\partial \eta}=0\\&\eta=1, \quad \theta=0\end{aligned} \qquad (6.5)$$

可以看出无量纲浓度θ不依赖于C_{inlet}和$C_{\text{interface}}$。上述无量纲形式在描述结蜡关键参数时大有裨益——蜡分子的径向物质流动［见第4章式（4.10）J_A］，可重新写成式（6.6）：

$$\begin{aligned}J_A &= D_{\text{wax, interface}} \frac{dC}{dr}\bigg|_{\text{interface}} = D_{\text{wax, interface}} \frac{\partial C}{\partial \theta} \cdot \frac{\partial \theta}{\partial r}\bigg|_{\text{interface}} \\&= \frac{D_{\text{wax, interface}}(C_{\text{inlet}}-C_{\text{interface}})}{r_d}\frac{\partial \theta}{\partial \eta}\bigg|_{\text{interface}} = J_{\text{wax}}\frac{\partial \theta}{\partial \eta}\bigg|_{\text{interface}}\end{aligned} \qquad (6.6)$$

$$J_{\text{wax}}=\frac{D_{\text{wax, interface}}(C_{\text{inlet}}-C_{\text{interface}})}{r_d} \qquad (6.7)$$

因此，径向物质流动J_A可以看做两个参数的乘积：第一个记为J_{wax}，与物质流动有着相同的单位且被称为结蜡过程中的"质量流动系数"，对于第二个参数，为无因次浓度梯度$\frac{\partial \theta}{\partial \eta}\big|_{\text{interface}}$，主要取决于原油流速。

6.4.2.2 结蜡物质流动系数

结蜡物质流动系数参数（J_{wax}）非常重要，通过分析J_{wax}可以很好的解释温度对结蜡的影响。

从式（6.7）可以看出，J_{wax}包含两个与温度有关的参数：浓度差（$C_{\text{inlet}}-C_{\text{interface}}$）和油界面处蜡的扩散$D_{\text{wax, interface}}$。第一个参数涵盖了热动力平衡，第二个参数代表了油中蜡组分的传输特性。最终，式（6.6）的优势是可以单独量化温度对这两方面的影响。首先，通过假设蜡的浓度 C_{inlet} 和 $C_{\text{interface}}$ 的热动力平衡，结蜡传质系数大致能够用下列等式表征。

$$J_{\text{wax}} = \frac{D_{\text{wax, interface}}(C_{\text{inlet}} - C_{\text{interface}})}{R_{\text{interface}}} \approx \frac{D_{\text{wax, interface}} C_{\text{inlet}}(\text{eq}) - C_{\text{interface}}(\text{eq})}{R_{\text{interface}}} \quad (6.8)$$

此外，可以采用 Hayduk–Minhas 关系式（Hayduk 和 Minhas，1982）来估算温度对蜡的分布影响，见式（6.9）：

$$D_{\text{wax,interface}} = 13.3 \times 10^{-12} \frac{T_{\text{interface deposit interface}}^{1.47 \, (10.2/V_A - 0.791)}}{V_A^{0.71}} \, \text{m}^2/\text{s} \quad (6.9)$$

而 $D_{\text{wax, interface}}$ 和 $C_{\text{interface}}$ (eq) 取决于界面温度 $T_{\text{interface}}$，同时界面温度 $T_{\text{interface}}$ 取决于结蜡厚度的预测值，获得准确的结蜡厚度对确定 $D_{\text{wax, interface}}$ 和 $C_{\text{interface}}$ (eq) 值非常重要。通过 $D_{\text{wax, interface}}$ 和 $C_{\text{interface}}$ (eq) 的初始值（即 t=0，结蜡未开始）来解决上述问题。此时 $C_{\text{interface}}$ (eq) 简化为 C_{wall} (eq)，$D_{\text{wax, interface}}$ 简化为 $D_{\text{wax, wall}}$，以及 $R_{\text{interface}}$ 简化为 R_{pipe}，见式（6.10）：

$$J_{\text{wax}}(t=0) = \frac{D_{\text{wax,wall}} C_{\text{inlet}}(\text{eq}) - C_{\text{wall}}(\text{eq})}{R_{\text{pipe}}} \quad (6.10)$$

式（6.10）中的几个参数取决于管壁温度，它可通过径向上能量平衡方程及建立传热系数关系式来确定，见式（6.11）。例如，Dittus 和 Boelter（1985）的关系式可用于确定原油的传热系数 h_{oil}，以及 Monrad 和 Pelton（1942）关系式可用于确定冷却液的传热系数 h_{coolant}。

$$h_{\text{oil}}(T_{\text{oil}} - T_{\text{wall}}) = h_{\text{coolant}}(T_{\text{wall}} - T_{\text{coolant}}) \quad (6.11)$$

当 T_{wall} 为已知量时，可以实现从蜡的溶解曲线中准确确定 C_{wall} (eq) 以及从 Hayduk–Minhas 关系式中（Hayduk 和 Minhas，1982）确定 $D_{\text{wax, wall}}$。注意：在绝大多数实验室规模的流动循环研究中，由于流动循环测试段的管长较小，在高浓度下观察不到轴向上的参数有较大的变化。因此，在后续的量化分析中常用 C_{inlet} (eq) 代替 C_{oil} (eq)。

6.4.2.3 传质驱动力

在结蜡物质流动特性中，管中与管壁的浓度差 $[C_{\text{oil}}(\text{eq}) - C_{\text{wall}}(\text{eq})]$，与热驱

动力[$T_{oil}-T_{coolant}$]相比是传质驱动力。在6.4.3小节中，传质驱动力和热驱动力将用于分析结蜡动态以确定两种驱动力中哪一种驱动力中的参数能够更加深入解释实验中所观察到的趋势。

6.4.3 工况温度的影响

6.4.3.1 北海凝析油分析

表6.3总结了流动参数J_{wax}以及原油温度T_{oil}变化及冷却液温度$T_{coolant}$保持恒定的实验中的相关参数。在实验中，随着原油温度的升高，结蜡厚度减小，如图6.7所示。

表6.3 油流速和冷却液温度恒定,不同温度条件下油的表征结蜡物质流动J_{wax}的参数对比

参数	数值			
T_{oil}, ℃	15.3	20.3	25.3	35.4
$T_{coolant}$, ℃	5			
Q_{oil}, m³/h	20			
T_{wall}, ℃	9.5	12	14.7	20.5
$D_{wax,\ wall}$, 10^{10}m²/s	2.11	2.49	2.89	3.64
C_{oil} (eq), %（质量分数）	1.09	1.26	1.34	1.44
C_{wall} (eq), %（质量分数）	0.65	0.89	1.07	1.26
C_{oil} (eq), %（质量分数）$-C_{wall}$ (eq), %（质量分数）	0.45	0.36	0.27	0.17
J_{wax}, 10^{10} [m/s·%（质量分数）]	19.25	16.2	13.18	10.12

其中的一个实验结果是升高油的温度T_{oil}将会使管壁温度T_{wall}升高。上述温度的升高反过来又会对质量流动特性J_{wax}有如下方面的影响：首先就传输特性而言，管壁处原油中蜡的扩散速度$D_{wax,\ wall}$增大，质量流动将增大。其次就热动力性质而言，原油中和管壁处的温度变化将增大蜡的溶解度[C_{oil} (eq)$-C_{wall}$ (eq)]。对这两个参数变化的密切跟踪监测得出了C_{oil} (eq) 从1.09%增至1.44%（增幅为35%）。上述增幅小于管壁处C_{wall} (eq) 的增幅，管壁处从0.65%增至1.26%（增幅为190%）。同时，原油温度T_{oil}从15.3℃增至35.4℃（增幅为20.1℃），超过了管壁温度T_{wall}从9.5℃增至20.5℃（增幅为11℃）的增幅。总的来说，尽管管中温度的增幅大于管壁处的温度增幅，但蜡在管中的溶解度增幅小于管壁处的溶解度增幅。最终，当原油温度升高时热驱动力（$T_{oil}-T_{coolant}$）增大，但传质驱动力[C_{oil} (eq)$-C_{wall}$ (eq)]实际上油温度升高而降低。

考虑其他参数的变化：冷却液温度 $T_{coolant}$ 是变化的，而原油温度 T_{oil} 保持恒定。这些实验结论表明结蜡厚度随冷却液温度的升高而减小，如图6.8所示。物质流动特性 J_{wax} 以及冷却液温度 $T_{coolant}$ 相关参数变化见表6.4。管壁温度 T_{wall} 随冷却液温度 $T_{coolant}$ 的升高而升高，会引起 D_{wo} 和 C_{wall} (eq) 两个参数增大。此处，油中蜡浓度 C_{oil} (eq) 并不随原油温度升高而变化，这并不向前面所提到的实例那样。J_{wax} 随 $D_{wax,wall}$ 增大而增大。然而，C_{wall} (eq) 从0.48%增至1.13%却导致传质驱动力 [C_{oil} (eq) － C_{wall} (eq)] 从0.78%锐减到0.13%。物质传输驱动力的锐减抵消了扩散性的增大，导致传质系数随着冷却液温度 $T_{coolant}$ 的升高而减小，见表6.4。传质系数的降低能解释图6.8所示的结蜡实验中结蜡厚度的减小。

表6.4 油流速和温度恒定的不同冷却液温度下的结蜡实验中表征结蜡物质流动 J_{wax} 的参数对比

参数	数值		
T_{oil}，℃	20.2		
$T_{coolant}$，℃	5	10	15
Q_{oil}，m³/h	5		
T_{wall}，℃	8.1	12.1	16.1
$D_{wax,wall}$，10^{10}m²/s	1.93	2.44	2.97
C_{oil} (eq)，%（质量分数）	1.26	1.26	1.26
C_{wall} (eq)，%（质量分数）	0.48	0.89	1.13
C_{oil} (eq)，%（质量分数）－C_{wall} (eq)，%（质量分数）	0.78	0.37	0.13
J_{wax}，10^{10} [m/s·%（质量分数）]	31.64	16.54	7.92

总结：随着实验温度条件的变化，传质系数 J_{wax} 的变化揭示了结蜡厚度的连续变化。还进一步观察到确定传质系数时传质驱动力 [C_{oil} (eq) －C_{wall} (eq)] 是最具影响力的参数，它应该是最终表征温度对结蜡影响的指标。

6.4.3.2 其他原油分析

6.4.3.1 小节中，北海凝析油用传质系数 J_{wax} 的概念来探究工况温度对结蜡的影响。本节将用其他地区的原油作相同的研究来进一步说明上述方法的可靠性。

Bidmus 和 Mehrotra（2009）采用迷你型流动循环实验实现结蜡模型的构建（1in 内径和4in 长）以研究温度 T_{oil} 对结蜡的影响。研究发现：当 T_{oil} 高于WAT时，结蜡厚度随原油温度 T_{oil} 的升高而减小。当 T_{oil} 低于WAT时，结蜡厚度随原油温度 T_{oil}

的升高而升高。虽然前期研究未利用传质来解释上述现象，但北海凝析油分析中利用了传质驱动力 $[C_{oil}(eq) - C_{wall}(eq)]$，同样结蜡的传质系数 J_{wax} 也可以得到一些深入的认识。因此，Huang 等人（2011）采用两种原油样品进行了结蜡实验，分别是 Norpar13（来自 Imperial Oil，Ontario，Canada）和 Parowax（来自 Conros Corp，Ontario，Canada），实验在相同溶解条件下进行。获得的结蜡曲线如图 6.10 所示，通过图 6.10 与图 6.3 对比可知整个实验过程中，油—蜡系统的结蜡曲线几乎成直线。同时北海凝析油的溶液曲线显示，在低温条件下析出的蜡更多。

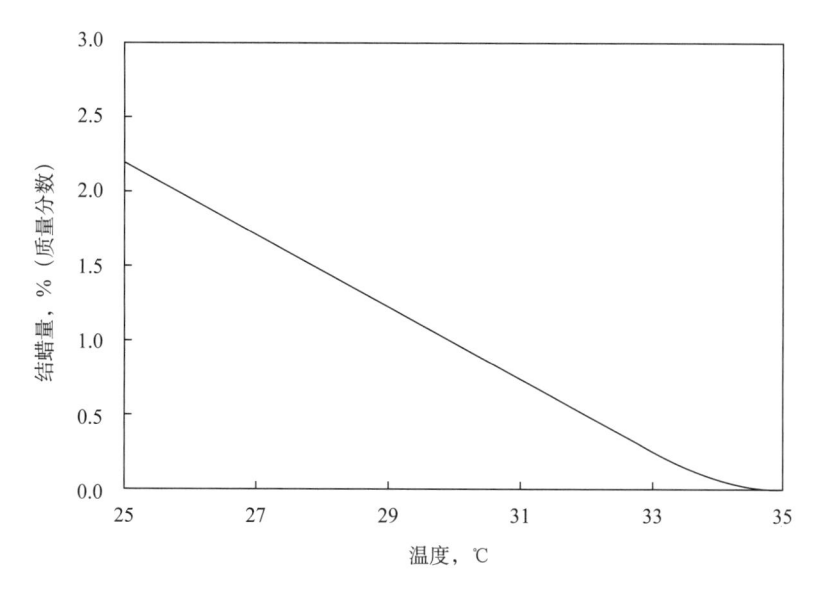

图 6.10　Huang，Lu 等人研究的油样的蜡溶解曲线

Bidmus 和 Mehrotra（2009）研究中的结蜡实验总结如图 6.11 所示，利用质量流动系数 J_{wax} 分析结蜡趋势。采取与北海凝析油相同的分析方法，得出 J_{wax} 与原油结蜡的相关参数总结见表 6.5。由图 6.11 可知，质量流动系数 J_{wax} 与结蜡质量具有一定的相关性，都随原油温的度升高而增大直到温度达到 WAT。当温度超过 WAT 后，J_{wax} 与结蜡量都随温度的升高而减小。J_{wax} 和结蜡质量的一致性进一步说明：利用质量流量参数 J_{wax} 和传质驱动力来预测关管壁处的结蜡量是有效的。

表6.5　油温变化，油流量和冷却液温度不变情况下不同结蜡实验中传质系数 J_{wax} 参数对比，数据为 **Bidmus and Mehrotra(2009)油蜡混合模型研究**

参数	数值				
T_{oil}，℃	26.5	29	33	35	38.5
$T_{coolant}$，℃	25				

续表

参数	数值				
Q_{oil}, m³/h	0.4				
T_{wall}, ℃	25.4	25.9	27.1	28	29.6
$D_{wax, wall}$, 10^{10} m²/s	2.81	2.94	3.27	3.53	4.07
C_{oil} (eq), % (质量分数)	4.19	4.8	5.74	6	6
C_{wall} (eq), % (质量分数)	3.94	4.05	4.34	4.55	4.93
C_{oil} (eq), % (质量分数) - C_{wall} (eq), % (质量分数)	0.25	0.75	1.4	1.45	1.07
J_{wax}, 10^{10} [m/s·% (质量分数)]	27.66	86.81	180.24	201.52	171.28

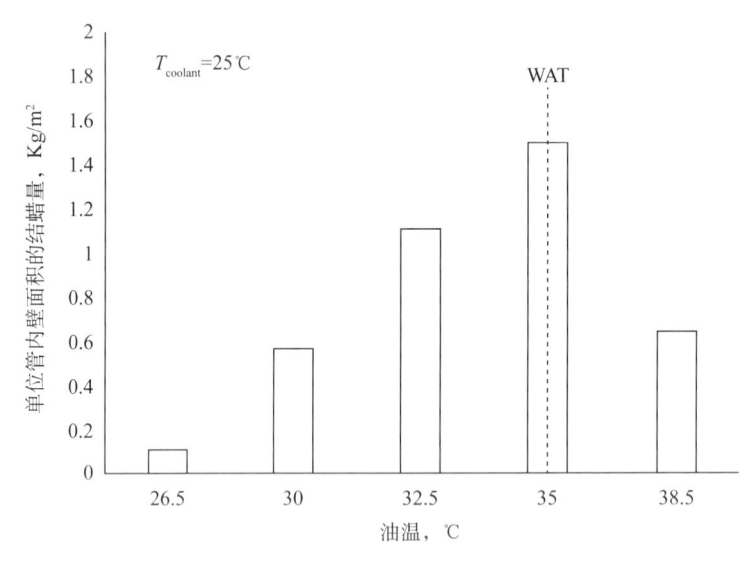

图 6.11 Bidmus and Mehrotra (2009) 研究油的
不同温度实验条件下结蜡量的对比

6.4.3.3 结蜡曲线的重要性

溶解曲线通过影响不同温度下蜡的浓度差 [C_{oil} (eq) - C_{wall} (eq)] 对质量流动系数 J_{wax} 产生巨大的影响。为了将上述影响可视化，当 T_{oil} 改变时，上述两个研究分析中的 T_{wall}、C_{oil} (eq)、C_{wall} (eq) 变化情况见表 6.6，分别是北海凝析油和油—蜡混合模型。

表6.6 北海凝析油A和不同T_{oil}的油—蜡混合模型T_{oil}、T_{wall}、$C_{oil}(eq)$、$C_{wall}(eq)$变化对比

参数	北海凝析油	油—蜡混合模型
Change in T_{oil},℃	15.3～35.4	26.5～35.0
T_{oil},℃	20.1	8.5
T_{wall},℃	11	2.6
$T_{oil}>\Delta T_{wall}$	是	是
$C_{oil}(eq)$,%（质量分数）	0.35	1.81
$C_{wall}(eq)$,%（质量分数）	0.61	0.61
$C_{oil}(eq)>\Delta C_{wall}(eq)$	否	否

两组实验的观察结果：T_{oil}升高导致T_{wall}升高。在两个研究中T_{wall}的升高幅度都小于T_{oil}的升高幅度。主要的差别在于油—蜡混合模型，溶解曲线的梯度（图6.10）几乎是恒定的（溶解曲线接近直线），因此$C_{oil}(eq)$、$C_{wall}(eq)$的变化简单反映了T_{oil}、T_{wall}的变化。这些变化最终将导致传质驱动力$[C_{oil}(eq)-C_{wall}(eq)]$的增大。对于混合模型，当$T_{oil}$升高时传质系数$J_{wax}$也增大。然而，由于溶解曲线的形状是下凹的，因此随着温度的升高北海凝析油的溶解曲线梯度减小，如图6.3所示。北海凝析油的这种下凹溶解曲线导致$[C_{oil}(eq)-C_{wall}(eq)]$的变化与$[T_{oil}-T_{wall}]$的变化偏离。这进一步证实了与热驱动力相比，使用传质驱动力在解释溶解曲线对结蜡影响时的优势。

6.4.3.4 油中碳数分布

根据上述研究可知，结蜡溶解曲线的形状对原油和冷却液的温度影响非常重要。蜡的溶解度代表了油中的多组分固液平衡，其很大程度上取决于它的碳数分布（CND）。图6.12显示了混合模型中以及北海凝析油中蜡分布的CND的$n-C_{20+}$组成。可以观察到两种油的两个主要区别：首先，在北海凝析油的CND图中可以看到一个较长的尾巴，这表明存在重组分（从$n-C_{50}$到$n-C_{80}$），这在混合模型中是不存在的。此外，北海凝析油中轻质蜡组分（从$n-C_{20}$到$n-C_{26}$）占41%，而混合模型中只占26%。与油—蜡混合模型相比，北海凝析油中少量的重组分和过量的轻组分导致较低温度下结蜡更多，而且这些多出的结蜡量与北海凝析油的溶液曲线是一致的，这进一步解释了图6.7与图6.11中结蜡厚度的增长趋势。

(a) 油-蜡混合模型

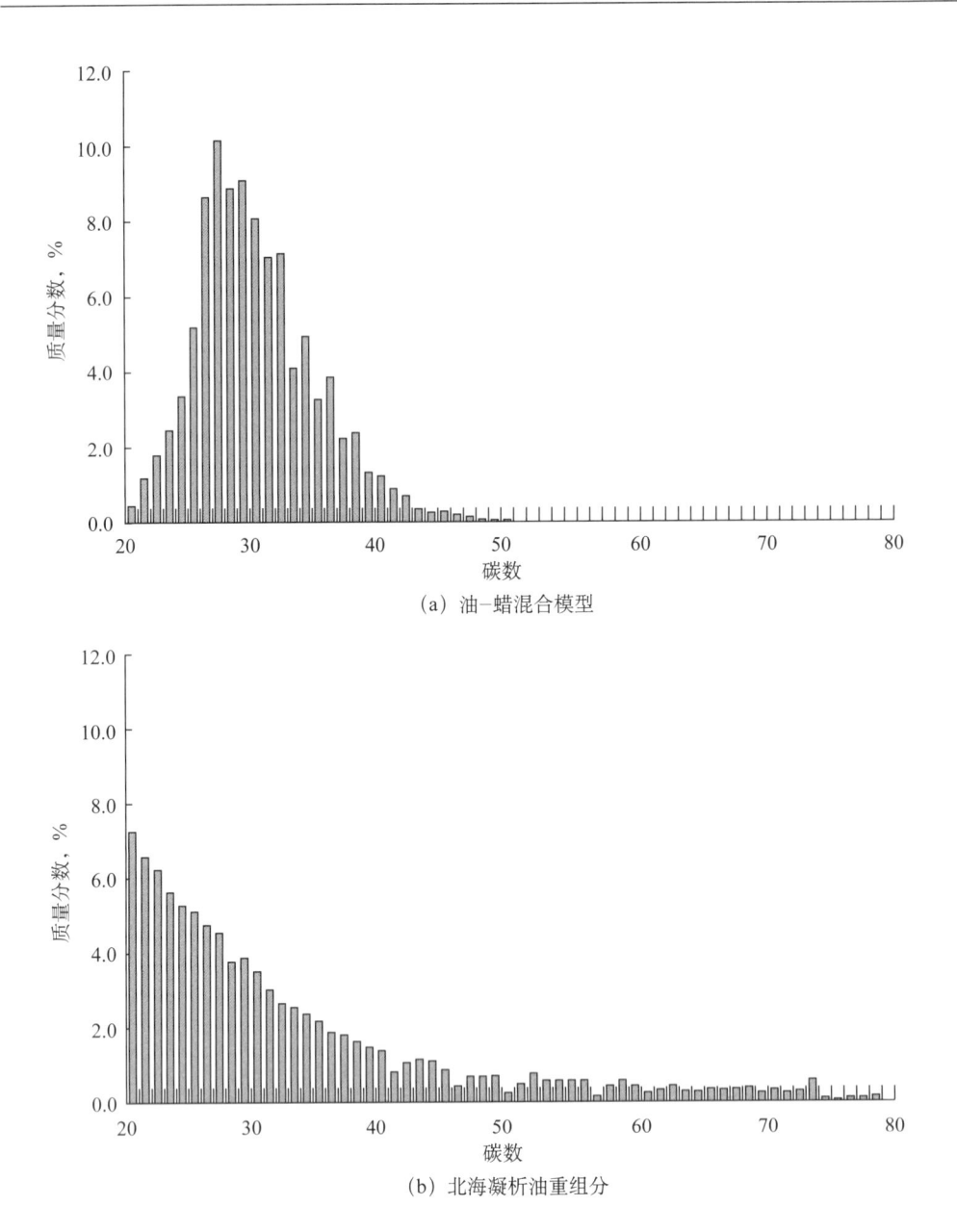

(b) 北海凝析油重组分

图 6.12 油-蜡混合模型和北海凝析油重组分的 CND 图

6.5 利用结蜡模型分析蜡组分

在 6.4 小节中，采用传输现象作为首要准则研究结蜡厚度随温度的变化情况。然而，在结蜡中蜡组成分析也同等重要，它不仅可以定量评估蜡组分可能的分布程度，而且还能获得清蜡设计所需的蜡结晶强度（Bai 和 Zhang，2013a）。结蜡的组分可以用蜡碳素分布（CND）来表征。然而，海底管道某段蜡的碳素分布（CND）却很难获得。结合蜡热动力模型和结蜡模型，定性分析蜡组分跟不同 CND 的关系，进而获得蜡的碳数分布（CND）。

研究认为，分子扩散是结蜡的主要机理，第 4 章 4.1 和 4.2 对次进行了详细的论证。在管壁上每种正构烷烃的扩散能力取决于其径向浓度梯度。不同正构烷烃有不同的物理性质（如溶解度和分子扩散性），因此其浓度梯度也不同。不同正构烷烃的浓度梯度差异导致结蜡含有多种正构烷烃。根据 ZhangZheng 等人（2013）的研究，溶解度差异和由此产生的浓度驱动力差异是影响 CND 的主要参数。蜡组分的浓度驱动力可通过管中和管壁处的浓度差来计算：$\Delta C_i = C_{i,\text{bulk}}(T_{\text{bulk}}) - C_{i,\text{wall}}(T_{\text{wall}})$。管中和管壁处的蜡浓度 $C_{i,\text{bulk}}(T_{\text{bulk}})$ 和 $C_{i,\text{wall}}(T_{\text{wall}})$ 可以用液相时管中和管壁处温度 T_{bulk} 和 T_{wall} 的相应平衡浓度来估算。上述两个浓度也可以用结蜡热动力模型来计算。采用结蜡热动力模型，Zheng 等人（2013）计算了浓度驱动力分布：ΔC_i 是碳数 i 的函数。由于 ΔC_i 分布决定了结蜡 CND 的估算结果，两组不同实验中的结蜡见表 6.7 中，只要浓度驱动力分布相似，CND 就相似。

表6.7 两种情况的总结：A和B得到相似的结蜡CND

	工况 A	工况 B
Q_{oil}，m³/h	5	21
T_{oil}，℃	20.17	15.24
T_{collant}，℃	5	10
T_{wall}，℃	8.39	12.49

图 6.13 为两组工况迥然不同的实验中所计算的浓度驱动力分布和观察到的结蜡 CND 之间的对比情况。

从图 6.13（a）中可以看出，热动力模型的理论分析表明在两组实验条件下出现相似的浓度驱动力分布。在两组实验中观察到的蜡 CND 也彼此相似，如图 6.13（b）所示，验证了理论分析。最终，为了预测特定工况下的结蜡 CND，需要遵循以下三个步骤：

（1）采用传输模型来确定管壁与管中心线处的温度。
（2）采用热动力模型来确定管壁与管中心线处温度下的结蜡组成的浓度平衡。
（3）基于蜡组分浓度平衡的基础之上计算浓度驱动力分布。

特定工况下的结蜡 CND 应该与浓度驱动力分布相似。

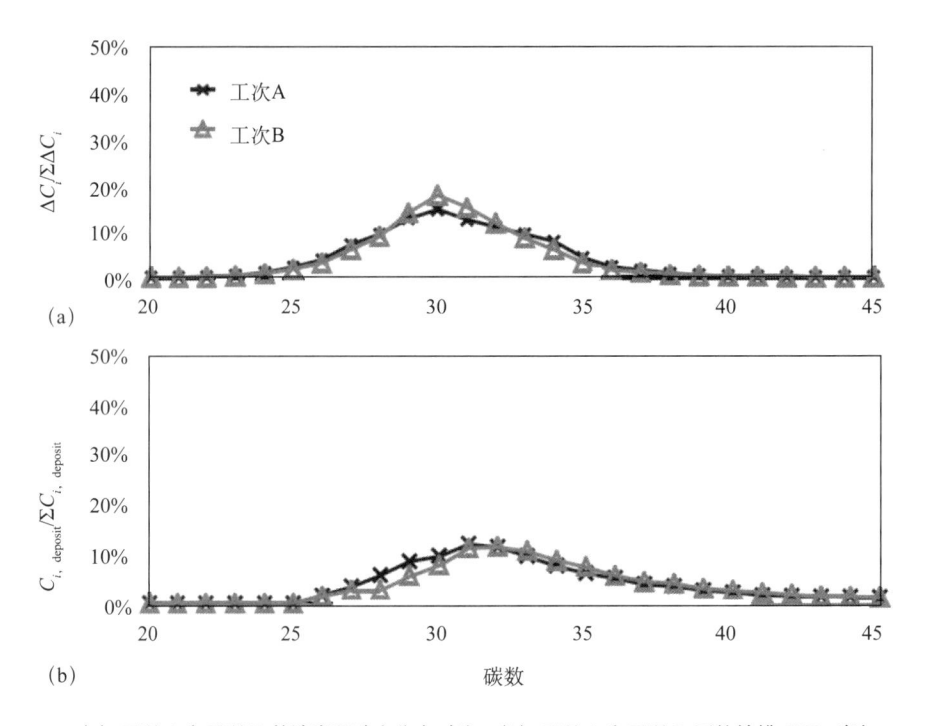

(a) 工况 A 和工况 B 的浓度驱动力分布对比　(b) 工况 A 和工况 B 下的结蜡 CND 对比

图 6.13　工况 A 和工况 B 驱动力分布和蜡 CND 对比

6.6　小结

本章中，密歇根大学开发的模型，也就是熟知的 Michigan Wax Predictor (MWP)，基于一系列涵盖广泛工况条件的结蜡实验对模型性能进行了校核。该评估首先是基于实验测量和模型预测的结蜡厚度对比的基础之上。发现 MWP 能够在不使用任何修正参数的条件下预测下列趋势：

(1) 随着原油流速的增大结蜡厚度减小。
(2) 随着原油温度的增大结蜡厚度减小。
(3) 随着冷却液温度的增大结蜡厚度减小。

基于上述的一致性，MWP 中的传输等式仔细检验并确定上述一致性的原因。采用了无量纲分析方法，引入一个用于强调结蜡程度的代表性参数：蜡传质系数。

$$J_{\text{wax}}(t=0) = \frac{D_{\text{wax,wall}} C_{\text{inlet}}(\text{eq}) - C_{\text{wall}}(\text{eq})}{R_{\text{pipe}}} \qquad (6.10)$$

在该参数中，温度的影响可以分为两类：第一类是原油的传输性质（影响管壁温度下的蜡扩散系数 $D_{\text{wax, wall}}$），第二类是原油的热动力性质（影响管中和管壁处的蜡浓度平衡）。在大多数结蜡实验中发现，温度对热动力性质的影响超过了传输性质的影响，因此，结蜡厚度的变化通常与浓度差 $[C_{\text{oil}}(\text{eq})-C_{\text{wall}}(\text{eq})]$ 的变化是一致的。该浓度差被认为是结蜡的传质驱动力，且它是当工况发生变化时结蜡动态变化的重要表征。不同结蜡流动循环中的蜡—油混合实验进一步证实该方法得出的结论。该方法使用不同油样和不同实验装置取得的一致性对模型扩大倍数预测现场情况具有重大战略意义。事实上，在第 7 章中，MWP 结蜡模型的预测结果能够实现与现场数据令人满意的一致性。

除了比较结蜡厚度外，还对比分析了实验测量和模拟预测得到的蜡组分。MWP 结蜡模型结合热动力模型解决了不同碳链长度烷烃的传质问题（Coutinho 和 Stenby，1996；Coutinho 和 Ruffier-Méray，1997；Coutinho，1998；Coutinho 和 Daridon，2001；Coutinho，Edmonds，Moorwood，Szczepanski 和 Zhang，2006））。蜡组成变化也取决于不同碳链长度烷烃的浓度驱动力 $[C_{\text{oil}}(\text{eq})-C_{\text{wall}}(\text{eq})]$ 分布。

7 结蜡模型的现场应用

7.1 引言

7.1.1 现场防蜡措施

本章用热动力模型和传输模型辅助研发现场结蜡的补救措施。常用的评估和防蜡方法如图 7.1 所示。

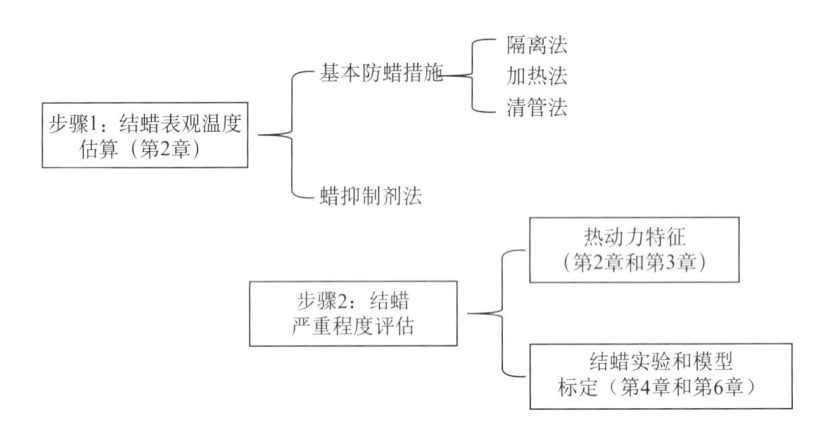

图 7.1 防蜡和清蜡方法总结

评估结蜡可能性的首要任务是确定析蜡温度（WAT）。WAT 常与现场工况中最低管壁面温度进行对比。管壁面温度可通过过去数十年内广泛应用的大多数流动模型计算得出。取决于 WAT 值和最低管壁温度值，可能会出现下列情形：

情形 1：如果 WAT 远低于最低管壁温度，对于常规工况而言结蜡风险几乎是不存在的。然而，需要警惕的是流体流动速率减小（产量下降）的情况，造成管线温度低于 WAT。

情形 2：如果管线的最低壁面温度接近或稍微低于 WAT，在管线中便存在结蜡风险。因此，结蜡问题可通过在管壁面温度可能低于 WAT 的区间增大绝热性（让蜡晶无法附着在管壁上从而抑制结蜡）和安装加热设备（例如：直接进行电加热或管线加热的方式）来解决。对于较短的管线，即使是最低管壁温度远低于 WAT，绝热法和加热法仍具有可观的经济性。

情形 3：最糟糕的情况是在长距离的海底管线中最低管壁温度远低于 WAT。因此，管线绝热法和加热法要么成本太高要么技术上无法实现。防蜡就由预防措施转变为缓解措施。最常见的缓解措施就是清管，通过定期检查测量装置，采用机械清除蜡沉积物。"清管"一词或许起源于"管道清理小工具"或是指该装置在清蜡过程中所发出的声音。由于在清管过程中，需要暂停正常的运营活动，清管频率极大地影响了运营成本（图 1.2 所示）。为了确定经济的清管频率，下一步通常需要用结蜡模拟（图 7.1 中的步骤 2）来评估结蜡严重程度以建立合理的清蜡频率。

注意：在生产过程中，为了确保流动正常，对结蜡的关注是无时无刻无处不在的。管线关闭期间，流动中止，流体温度降至外界温度。因此，如果冷却时间过长，原油中的蜡晶会沉积下来造成管线冻结。蜡冻结通常产生在静态条件下（管线关闭），在此期间全部流体（从关闭到管线中心线）都会冷凝，而结蜡主要发生在流动条件下的管壁处。尽管这在本书中未详尽讨论，防蜡冷凝措施与防结蜡措施类似，如图 7.2 所示。

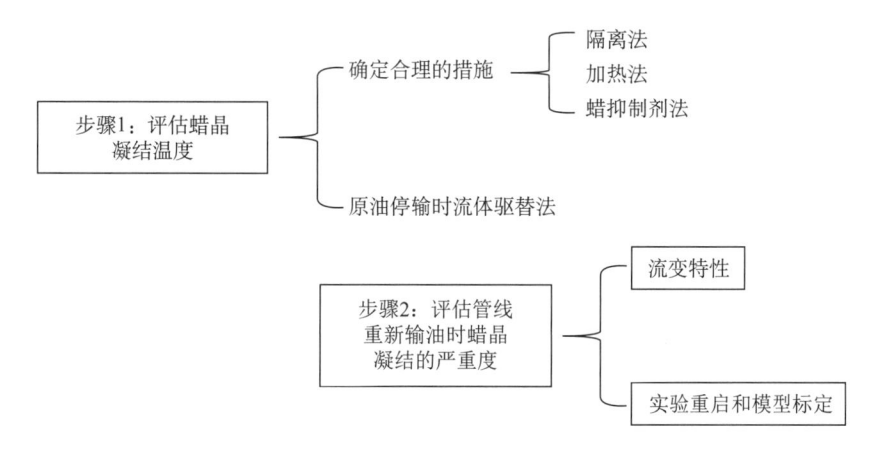

图 7.2 防蜡和防蜡冷凝清理措施总结

7.1.2 结蜡程度评估：理想和现实

接下来就是探究结蜡的严重程度（图 7.1 中步骤 2），第 2 章到第 6 章已经讨论了各种实验测量和模拟技术。例如：这些表征方法包含了运用高温气相色谱（HTGC）确定蜡的碳数分布、用交叉偏振显微镜（CPM）测量 WAT、用热量差扫描（DSC）确定蜡沉积曲线等。在热动力模拟过程中，蜡组成性质经常需要修正直到模型预测拟合上了实验测量结果。此外，流动循环结蜡实验应该在基准结蜡模型用于现场预测之前完成。

然而，由于成本、时间以及其他诸多不便之处，行业用户通常关注一些来源于确保多年流动正常的管理经验中的一些测量方式。例如，一些人认为 CPM 法能够实现 WAT 测量的最高精度，而其他人会认为如 DSC 等其他方法提供的估算结果足以满足现场设计需求。在 7.2 和 7.3 节中，将讨论现场应用的两种公开方法，在讨论中不同的实验表征方法是构建现场应用的基础。

7.2 案例1——单相管流

7.2.1 概况

Singh，Lee，Singh 和 Sarica（2011）进行了结蜡的第一个现场实例研究。研究印度尼西亚近海的原油在中间处理平台、浮式生产存储和卸油船之间共 23km 长的单相海底管线中传输。在基本的流动保证监测中发现了结蜡，清管为主要的结蜡缓解措施。从 CPM 中（图 7.3）测得该原油的参数是：API 重度为 45、WAT 为 58℃。

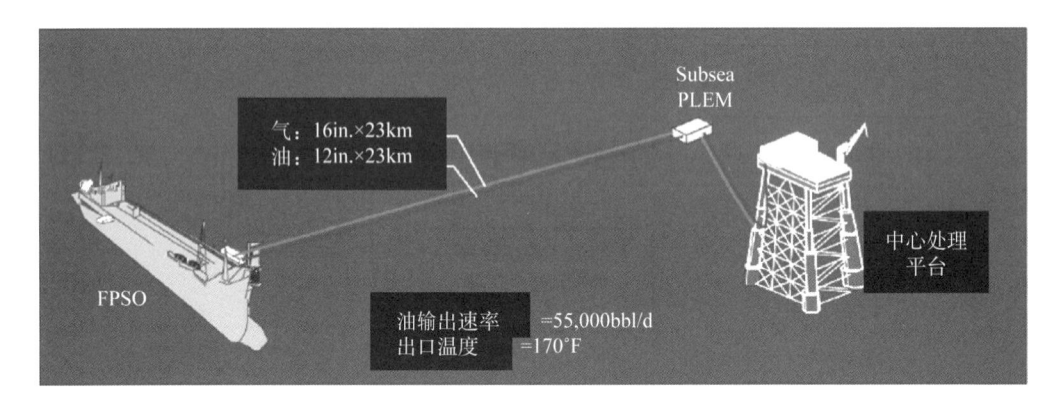

图 7.3 Singh 等人（2011）研究对象示意图

工况和原油性质见表 7.1。入口温度约为 75℃。传输管线长度为 23km，预测管壁温度最终将降至低于 WAT 的 58℃。原油蜡组成与蜡碳数分布如图 7.4 所示。基于上述分析，该原油含有 17% 的 $n-C_{19}$，这是常见的蜡组成。该原油的其他具体性质见

Singh 等人（2011）的原始研究。

表7.1 Singh等人(2011)研究的实验工况总结

管线直径	12in
管线长度	23km
外部热传导系数（包含隔离层）	22W/（m²·K）
原油流量	300000bbl/d
入口温度	75℃
出口处的压力	350psi
预结蜡压降	200psi
清管频率	每周一次

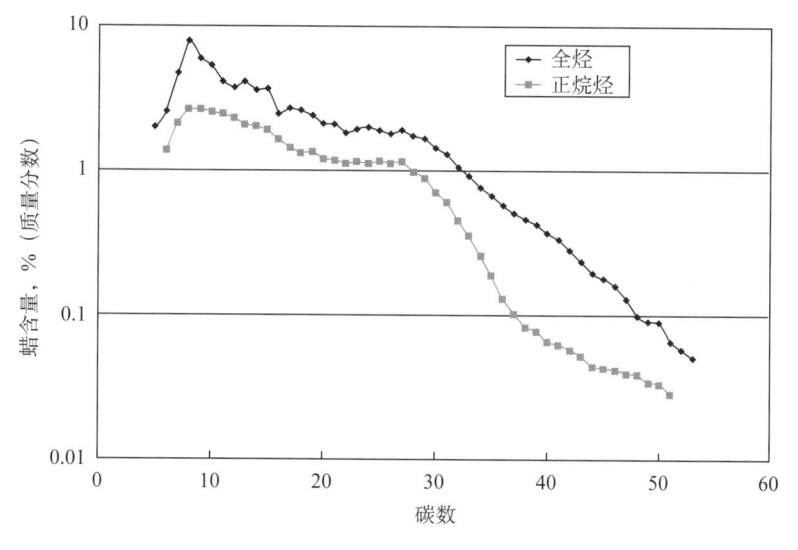

图 7.4 原油蜡组成与蜡碳数分布

7.2.2 蜡的热动力特性

原研究中利用 Erickson Erickson，Niesen 和 Brown（1993）模型测量的正构烷烃分布进行热力学建模，该模型在塔尔萨大学的蜡沉积模型程序中实施。此处另一个热动力模型用的是 Coutinho's Wilson 模型建模（Coutinho 和 Ruffier-Méray，1997）。该模型在 MultiFlash 4.4 的程序中实现。该模型是在 MultiFlash4.4 中实现。Coutinho's 模型比 Erickson 模型的改进之处在于它考虑了结蜡形成的固相的非理想性。上述两种模型的详细对比见第三章 3.2 节和 3.3 节。

通过调整参数来拟合预测的沉降曲线中一个或多个实验数据点。调整热动力模型的详尽讨论过程见第 3 章 3.5 节。在此，用沉降分数 0.045%（质量分数）来调整 Coutinho's 模型预测的结蜡曲线的 WAT58℃ 实验数据点。该分数是指可用测量设备检测出结蜡量。0.045%（质量分数）值是软件基于通常在 WAT 测量中的 CPM 限制基础之上的推荐值。在调整过程中，MultiFlash 调整了蜡组成的结晶热值来拟合在 58℃ 时的 0.045%（质量分数）的蜡沉降实验数据点。结蜡曲线对比如图 7.5 所示。

从结蜡碳数分布测量中得出 $n-C_{19+}$ 所占的比例为 17%。并非所有的 $n-C_{19+}$ 在 0℃ 时都会沉淀，因为其中一些轻组分（如 $n-C_{19}$ 和 $n-C_{20}$）预计在更低的温度下才开始沉淀。因此，由 Erickson 模型得出的超过 17% 的蜡组成在 0℃ 沉淀的估算值可能会偏大。上述结蜡量的高估是与 Erickson 模型考虑的蜡固相的理想解相关联，然而 Coutinho 模型考虑了蜡固相解的非理想性。两个模型的具体热动力假设在表 3.1 与表 3.2 中已强调过。最终，基于用 WAT 进行调增的 Coutinho 模型的基础之上的预测在该研究中用作结蜡曲线。

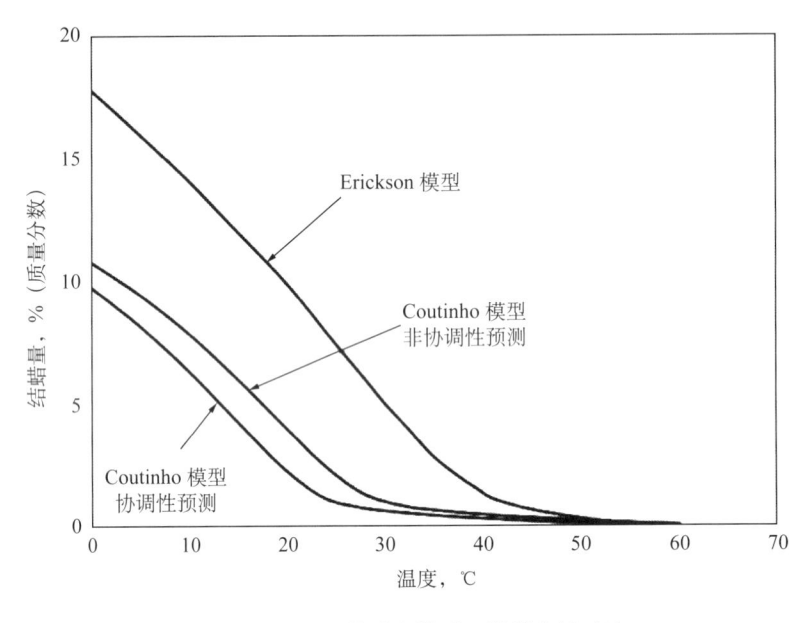

图 7.5 不同热动力模型下结蜡曲线对比

7.2.3 结蜡预测与清管频率设计

本小节中，称作 Michigan Wax Predictor (MWP) 的结蜡模型用于该研究的现场结蜡预测（Huang，Lee，Senra 和 Fogler，2011；Lee，2008）。如在第 6 章中所讨论

的，MWP 在拟合实验室结蜡数据上通过正确的预测结蜡速率的变化是工况条件的函数而未用任何修正参数显示出了杰出的性能。在本章中，MWP 中的相同的模型离心（无调整参数）将会用于现场结蜡预测。

图 7.6 显示了用 MWP 计算得出的"预先沉积"量和内壁温度剖面，这是在无任何结蜡时的温度剖面。事实上，如果能实现流体在管中温度与现场测量进行对比，能够确定由上述模型计算的热传导的可靠性。可以得出：由于管线的绝热性 [外部热传导系数为 22W/（m·K）]，管中与管壁温度剖面非常相近。温度剖面与现场测量值是一致的，其记录的出口温度为 27～29.5℃。温度的计算值与测量值的一致性对于结蜡预测是非常关键的。管壁温度下降至低于 WAT 的位置是在入口下游的 3km 处，这表明尽管隔热，大约 20km 长的管线仍存在结蜡风险。

在对沿着管线方向的温度剖面进行深入了解后，准备探究结蜡厚度的增长。现场预测的结蜡厚度的可视化与实验室结蜡实验模型中结蜡厚度略微有些差异：在先前第 6 章关于实验室实验的讨论中，显示出轴向平均结蜡厚度（x 轴）是时间（y 轴）的函数。因为对于实验而言，管长非常小，整根管线的结蜡剖面的预测是非常规律的。轴向平均结蜡厚度与用压降法获得的实验测量值进行对比，即管线压降用于确定管线的有效半径。管线内径与有效半径的差值就是所求的结蜡厚度。该求解法也用于其他实验室的结蜡研究中（Hernandez，2002；Hoffmann 和 Amundsen，2010；Huang，Lu，Hoffmann，Amundsen 和 Fogler，2011；Lund，1998；Singh 等，2000；Venkatesan，2004）。

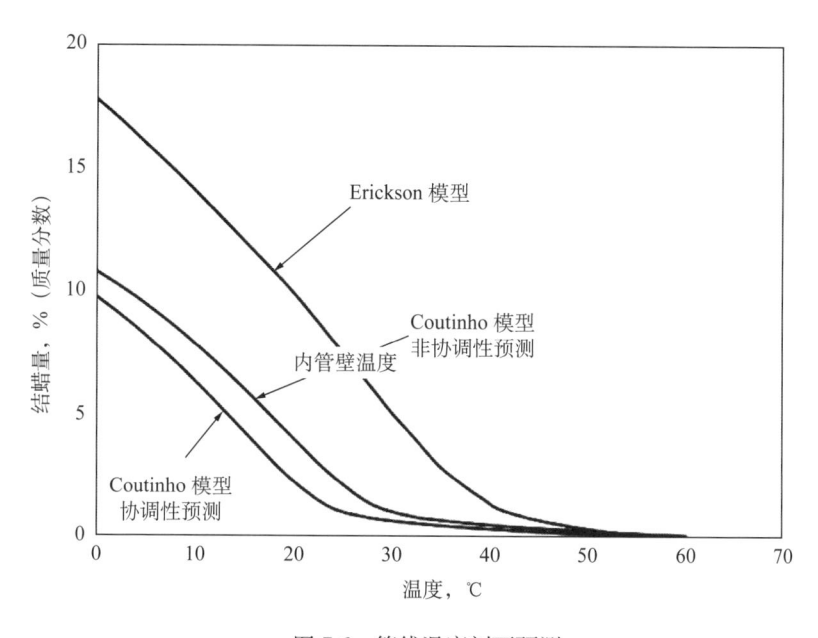

图 7.6　管线温度剖面预测

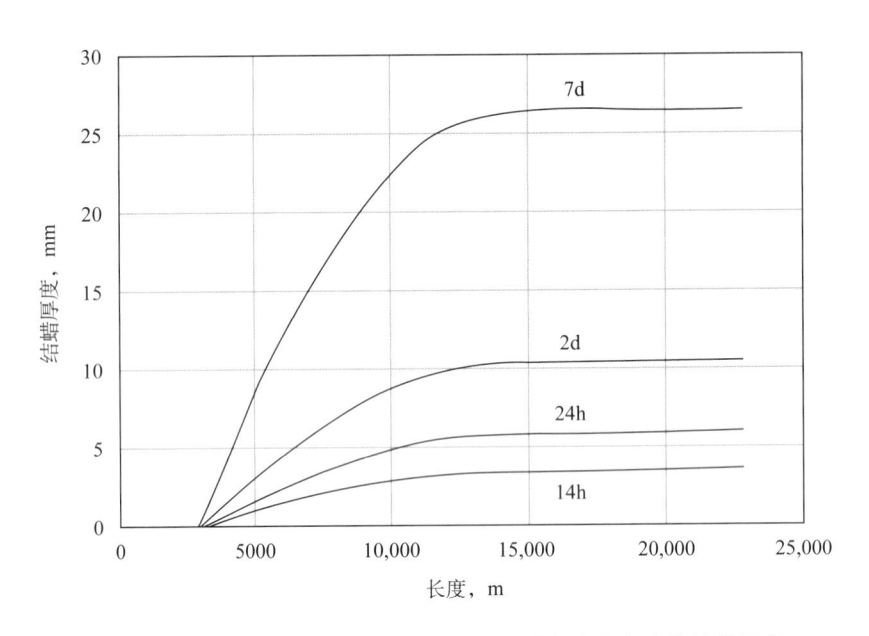

图 7.7 用 MWP 模型预测在不同时刻管线长度方向上的结蜡厚度

可视化方法可能不适合现场应用。在现行的现场管线的结蜡分析中，沿着管线方向的结蜡厚度的变化幅度很大。因此，整个管线中的平均结蜡厚度的物理意义就显得非常有限。在上述实验室研究中，轴向平均厚度的变化（绘制在 y 轴中）与时间（绘制在 x 轴中）在分析中随处可见。基于现场管线的预测，沿着管线方向的结蜡厚度变化意义重大。因此，与实验室模拟相比轴向平均结蜡厚度对于现场预测的物理意义显得非常有限。最终不是绘制时间的函数——轴向平均结蜡厚度，其他两种结蜡预测的可视化方法和用现场测量值进行对比：首先，绘制结蜡厚度的轴向剖面，如图 7.7 所示。7 天后发现管线最大结蜡厚度达到 27mm（等于管线内径的 1/10）。

为了进一步探究上述预测的可靠性，基于 Blasius 摩擦因子关系式（Wilkes，2005）（式 7.1）计算在结蜡过程中的整条管线上的压降。为了计算整条管线的压降，将管线离散成很多小段，首先根据该段的有效直径计算每段的压降（式 7.2）。然后，整个管线的压降可用管线上的所有小段的压降进行叠加来求取（式 7.3）。

$$f_{\text{Darcy}} = 0.316 Re^{-0.25} \tag{7.1}$$

$$\Delta P_{\text{pipe},\,i} = f_{\text{Darcy}} \frac{L_{\text{pipe}}}{d_{\text{effective}}} \frac{\rho_{\text{oil}} U^2}{2} \tag{7.2}$$

$$\Delta p_{\text{pipe}} = \sum_i \Delta p_{\text{pipe},i} \tag{7.3}$$

结蜡发生过程中，可以通过上式与 MWP 预测模型相结合，就可以求得测试段压降的增量，图 7.8 展示了计算结果与实际测量结果的对比。对比发现：在结蜡后期，MWP 模型预测出微小的压降增量，因此 MWP 模型的预测结果是合理的（未进行模型调整和实验校正）。实验采用清蜡器清理结蜡沉淀物质。通常以结蜡厚度阈值（即结蜡厚度达到即将发生堵塞的临界值）来设计清蜡器的使用频率，结蜡厚度阈值取决于许多因素，包括清蜡器类型、外加压力、驱替流体特性、前一级清蜡器的清蜡效果和清蜡器卡在管道中的应急措施。实际上，要获得较为准确的结蜡厚度阈值需要依据丰富的现场生产经验，石油行业内一般取 4mm 作为现场设计结蜡厚度阈值，取值是比较保守的（Golczynski 和 Kempton，2006）。在油田生产过程中，如果石油工程师认为既定的清蜡频率过高，也可以适度降低清蜡频率。

由于数据有限，无法制定一个通用的清蜡频率门限值。然而，可以通过现场实际清蜡频率来计算相应的结蜡厚度阈值。

研究发现，一般清蜡频率为 7d/次（即使没有标准清蜡频率，Singh 等，2011）。如图 7.7 所示，MWP 结蜡模型预测 7 天后的结蜡厚度为 27mm，结蜡厚度阈值高达 27mm。因此，4mm 阈值下的清蜡频率（7d/次）不能有效清蜡，为达到清蜡效果，可将清蜡频率调整至 14h/次，如图 7.9 所示。

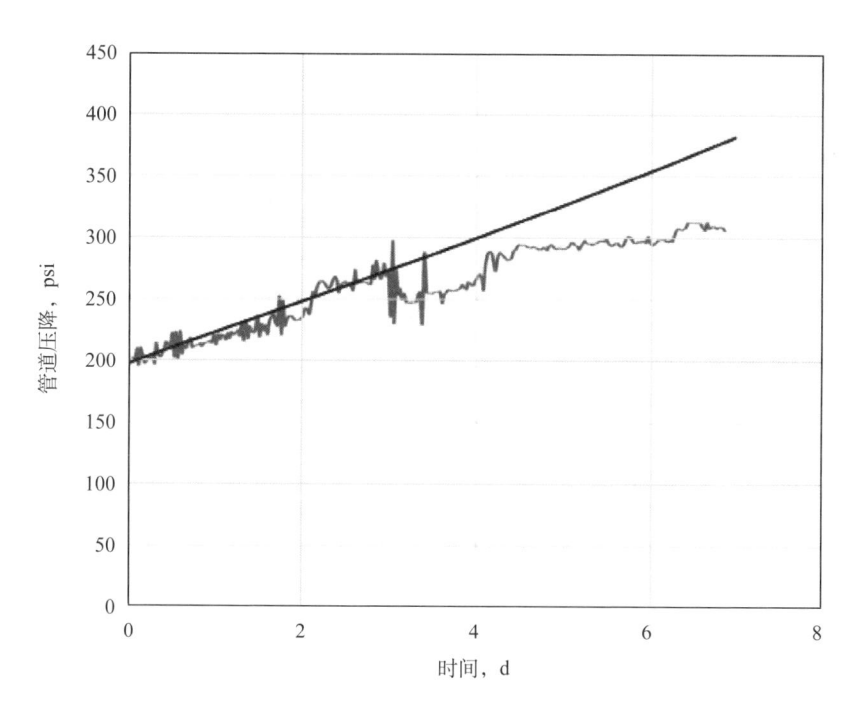

图 7.8　由于结蜡引起的压降对比图

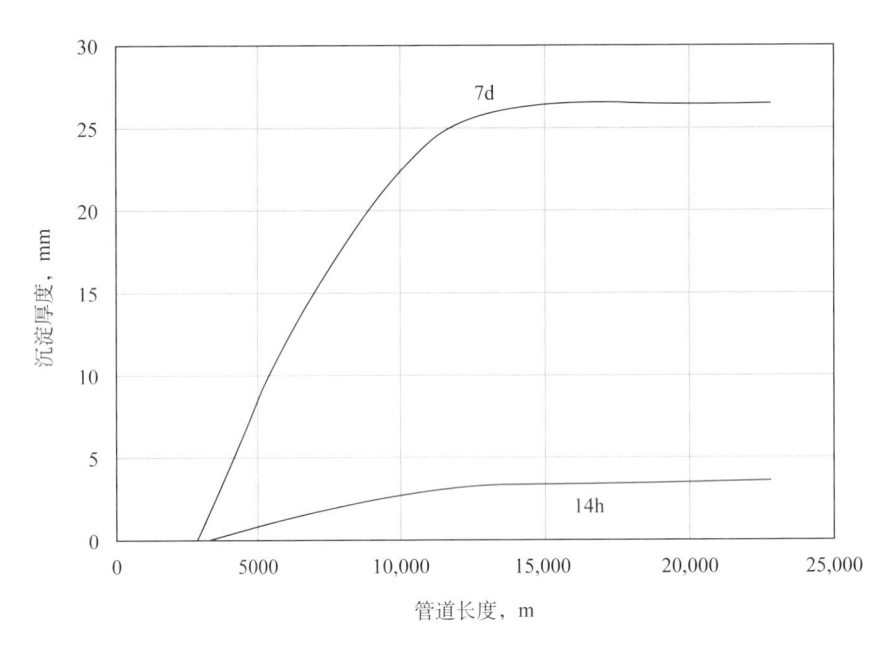

图 7.9 7d 后沿油管的结蜡厚度预测

7.3 案例 2——油气多相流

7.3.1 简介

第二个应用实例是巴西国家石油公司（Petrobras）在巴西坎波斯盆地 B 井的开发，水深约 800m（Noville 和 Naveira，2012）。多相石油混合物（石油和天然气）通过 5km 流线和立管从井口运输到顶部。多相流运移示意图如图 7.10 所示。

流动过程中，管道最低温度约为 17℃，低于原油的析蜡温度。原油的 API 质量为 26.6，因此采用气举生产，生产参数见表 7.2。通过以下两个商业化软件建立结蜡预测模型：（1）PVTsim（工业热力学建模软件包），用于建立结蜡的热力学模型；（2）OLGA（工业多相流模拟器），用于建立蜡沉积模型。PVTsim 蜡热力学模型的详细描述可以见第 3 章第 3.3 节，OLGA 蜡沉积模型的详细介绍见第 4 章中 4.2 和 4.3。

表7.2 Noville和Naveira(2012)研究的工况环境摘要

管线直径	6in
管线长度	5km

续表

油流量	2617bbl/d
油气比	618
气举流量	$5.8\times10^6\mathrm{ft}^3$
地层温度	78℃
地层压力	2217psig
顶部压力	155psig
清洗频率	14 d

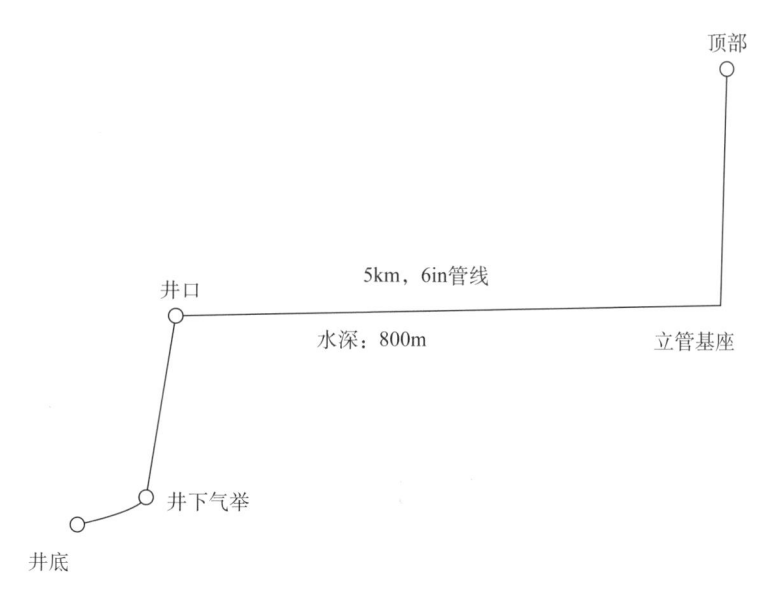

图 7.10 Noville 和 Naveira 生产流程图

7.3.2 蜡热力学特征

与第 7 章 7.2 节不同，本案例无法获得原油的正构烷烃分布，因此不能利用热力学模型来获得蜡析出曲线，而是通过 DSC 实验（差示扫描量热法）直接获得了析蜡曲线。接下来，将析蜡曲线的参数导入到结蜡预测模型中，但这个又面临现场适用性问题。现场蜡沉积模型中，OLGA 结蜡预测模型只使用特定的热力学模型，以其支持的输入格式，输入蜡沉淀曲线。因此可以通过 PVTsim 程序来解决上述问题。PVTsim

程序生成一个"蜡表",即不同的温度和压力下的结蜡量,此"蜡表"可直接应用在OLGA结蜡预测模型中。此时,通过调整热力学模型的正构烷烃分布参数来调整析蜡曲线,使其与DSC实验结果一致,此热力学模型为Pedersen等提出的(1985)。然而,热力学模型只是一个动态的模拟假设。结蜡沉积曲线的真正来源是DSC实验。DSC实验结果和热力学模型的拟合图如7.11所示。由图可知:从0～17℃,预测结蜡曲线与实验测量相符;在17～35℃,DSC实验结果略低于热力学模型的预测结果。

本案例使用DSC实验法来研究析蜡曲线,而案例1则采用热力学预测模型来获得析蜡曲线,此时利用高温气相色谱来测定原油中的正构烷烃分布。

表7.3 例1和例2两个热力学特征的对照

实验	例1	例2
方法	正链烷烃分布用HTGC 蜡用CPM	整个结蜡曲线都用DSC
使用热力学模型的目的	预测结蜡曲线	得到一个与DSC结蜡模型相同的结蜡曲线
调节热力学模型过程中的参数调整	不同的热力学模型提供不同的调节选项	正链烷烃分布
建模时参数的匹配	用CPM测量结蜡	整个结蜡曲线都用DSC

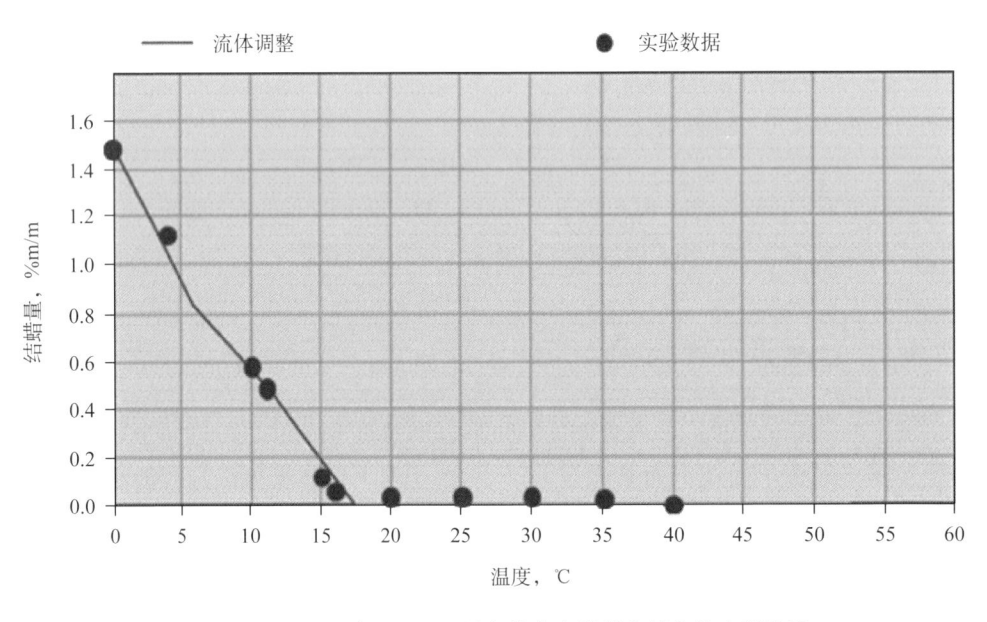

图7.11 Noville和Naveira研究的室内结蜡曲线和热力学装置

7.3.3 结蜡预测和清蜡频率设计

油气多相流极大增加了流体力学和热传导研究的复杂程度。前期研究中，如果没有获得采出液的组分和管道的几何参数，也就不能获得最大工作压力（MWP）下的结蜡预测模型。同样，采出液的组分和管道的几何参数是确定管道内的流体力学和传热特性的必要参数。因此本书只强调结蜡预测模型的模拟结果（Noville 和 Naveira，2012），以及通过 OLGA 结蜡模型来研究结蜡测量的不确定性。

蜡沉积过程中，井口压力保持不变（155 psi），可通过井下压力计测量管道压降增加。如图 7.12 描述了 OLGA 结蜡预测器和现场测量的对比结果，可知：

（1）测得的井下压力并不总是从最低值（1260psi）开始，因此不同清蜡器的结蜡原始清除程度不同（这个情况也在原来的研究报告中出现过）。

（2）原始预测模型未考虑蜡扩散系数，以致显著低估了井下管道压力的增加。此时，蜡扩散系数 D_{wax} 分别乘以 100 和乘以 22 来表示井下管道压力的最高和最低增长率（曲线的斜率）。基于 58 个数据点中，通过 Hayduk–Minhas 关系式求得原油的正构烷烃分布，进而获得蜡扩散系数（Hayduk 和 Minhas，1982）。那么，如果实际条件发生较大变化时，以上蜡扩散系数 D_{wax} 和其系数配备比例就不具备实用价值了，同时实际测量的结果也会导致例如析蜡曲线的不确定性。因此，实验数据越多，标定标本越多，差异就越小，如 7.1.1 节所描述的。

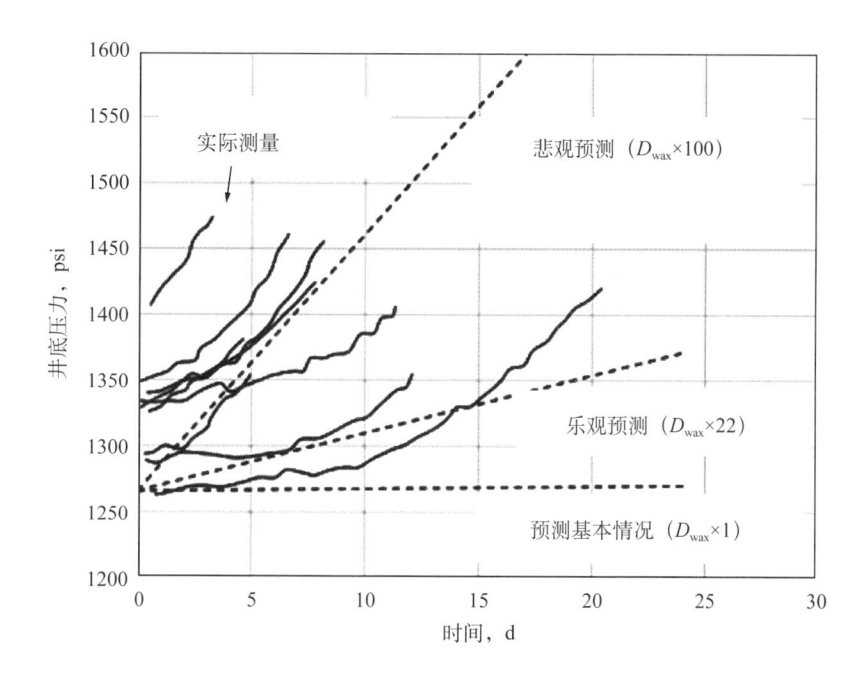

图 7.12 OLGA 结蜡预测和井场数据之间井底压力增加情况对比

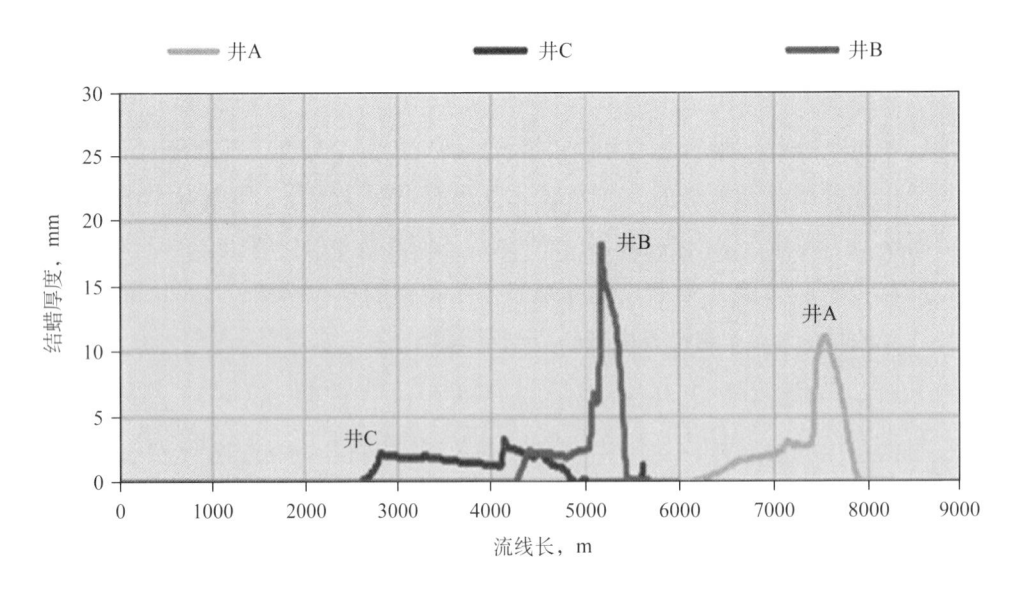

图 7.13 乐观情况下的 OLGA 结蜡厚度预测

B 井 14 天内的结蜡厚度预测如图 7.13 所示。可知，最大结蜡厚度达到 18mm 左右（在第 14 天）。而清蜡频率是基于以下两个条件确定的：

（1）预测管道中的最大结蜡厚度达到特定阈值的时间。
（2）预测整个管道中结蜡量达到特定阈值的时间。

上述阈值的设定条件是：当管道中的结蜡达到特定阈值后，清蜡器也可以保证管道不发生堵塞，最终清蜡频率取能够满足以上两点要求的最大值。根据前面的论证结果，结蜡厚度阈值（即将发生堵塞的临界值）是 11mm，最大结蜡量为 750kg，第一个标定时间是 7 天，第二个标定时间是 12 天，因此本文提出的清蜡频率为 7 ~ 10 天 / 次作为最初的清蜡频率，后期清蜡频率可以增加至 14 天 / 次。

7.4 小结

7.4.1 蜡热力学性质

本章两个例子其中一个差异表现在蜡析出曲线的表征方法不同。案例 1（Singh 等，2011）利用高温气相色谱测定获得原油中正构烷烃分布，结合热力学模型来拟合原油析蜡温度（可通过实验测量）来预测蜡析出曲线。而案例 2（Noville 和 Naveira，2012）利用 DSC 方法直接测的蜡析出曲线析蜡曲线，而热力学模型仅仅是确定析蜡量，成为结蜡预测模型的输入量，在这种情况下，通过调整正构烷烃的分布来实现这一目的。这两个实例不同的方法反映了蜡热力学表征技术的不同可信度水平，见表 7.4。

应该指出的是，这两种方法确定结蜡不确定性的技术是相似的。比如，可以通过高温气相色谱曲线波峰时的面积积分获得原油的正构烷烃分布，当然积分方法（基线法或山谷法）不同，结果也不同。原油析蜡温度可以通过 CPM（正交偏侧显微镜法）测定，但是此方法的探测范围有限。同时，在原油中蜡含量较低的情况下，DSC 实验也很难区分噪声和蜡发射信号（见表 7.2，案例 2 所示）。蜡热力学特征的不同技术局限性可以在第 2 章和第 3 章。

表7.4 本章中的两个不同例子结蜡热力学特征对比

案例	正链烷烃分布	参数匹配	测量方法
1	实验室测量	WAT	HTGC，CPM
2	调整参数	结蜡曲线	DSC

7.4.2 结蜡模型

上述的现场应用实例展示了 2 个不同层次的复杂的结蜡模型。案例 1 油气混合物在中央处理中进行了分离（Singh 等人，2011）。因此，流体流动属于单相油流，建立结蜡模型变得相对简单。结合单相流体力学理论和传热传质方程，MWP 能够预测准确结蜡过程中的压降增加值，而无须任何的调整。通过比较模型预测和现场测试的清蜡频率，发现最大结蜡厚度 4mm 是保守的。

案例 2 情况相对复杂，为油气多相混合流动（Noville 和 Naveira，2012）。由于没有足够的实验室热力学特性参数，结蜡模型的不确定性大大增加。同时如果未调整蜡扩散系数至合理值，那么 OLGA 结蜡模型就不能准确预测压降增量。此时最大结蜡厚度阈值为 11mm，同时为了与不同的结蜡模型相，可以适当改变阈值。

7.5 展望

结蜡模型虽然经过几十年的研究，但由上述现场应用可知，目前结蜡模型应用于油田开发设计中还存在很多不确定因素。因此，如果考虑结蜡模型的不确定性，现场设计的结蜡厚度阈值往往过于保守（一般较小）。目前，油田开发设计中长采用结蜡厚度阈值的经验值 4mm（GolczynskiKempton，2006）。实际生产过程中，每一级清蜡器的清蜡频率可以根据管道中结蜡量的变化进行调整。在设计时，保守的清蜡决策往往导致过度的投资，导致油田开发方案的经济可行性降低。因此提高结蜡模型的准确性可以防止过度的清蜡投资，进而提高油田开发方案的经济可行性，下文将介绍如何实现这个目标。

7.5.1 提高实际生产数据获取技术

与实际生产数据对比是结蜡模型准确性评估的最有效的方法之一。然而与精心设计和控制的室内实验相比，现场参数更难以监测。因此，现场测量技术的进步对于能够测量许多当前在现场不可能评估的参数具有很大的潜力。比如在正常生产不中断条件下，直接测量管道的结蜡厚度对评估结蜡危害程度和标定结蜡模型意义重大。

7.5.2 加强石油企业间的合作

有效的结蜡预测模型和清蜡控制策略往往是通过很长时间的生产积累，并基于多个油田矿场实践发展起来的。因此，石油企业分享各自的结蜡模型和清蜡控制经验非常重要，可充分认识已有结蜡模型的不确定性，降低现有的过度清蜡方案。联合工业技术研究联盟，如 DeepStar 和美国安全能源研究合作组织（RPSEA）已经开展了多个蜡沉淀和沉积的研究项目（DeepStar，2011；RPSEA，2007）。

7.5.3 提高多相流结蜡模型的准确性

对于案例 1（单相油流），无需调整参数，结蜡模型能够较为准确的预测结蜡过程中管道压降的增量。但是对于案例 2（油气多相流），如果不时刻调整参数，结蜡模型很难获得有效的预测结果。导致以上差异的原因是流体的相态，案例 2 是油气多相流。在油田生产管道中，除了有油、气两相流，同时也存在油、水两相和油、气、水三相流动。国内外很少有研究者的结蜡实验从根本上解释了相态对结蜡的影响，而且目前还没有油、气、水三相流结蜡的研究报道。室内实验的缺乏制约了多相流结蜡基本模型的发展。密歇根大学正通过一系列的研究解释多相流动中的结蜡规律。例如，在油水两相流中，乳化水的存在极大改变了含蜡原油中的流变性，然而含蜡原油的流变性能如何在结蜡模型体现？现在仍然不清楚。除了油相之外的第二相态也可以改变流体与管壁之间的相互作用。油水两相流的结蜡特征也取决于管壁表面的亲水性和疏水性。因此，多相管流的结蜡特征研究对于提高结蜡模型预测质量是非常重要的。

参 考 文 献

Agrawal, K. M., Khan, H. U., Surianarayanan, M., & Joshi, G. C. (1990). Wax deposi-tion of Bombay high crude oil under owing conditions. Fuel, 69, 794–796.

Akbarzadeh, K., & Zougari, M. (2008). Introduction to a novel approach for mod-eling wax deposition in uid ows. 1. Taylor–Couette system. Industrial and Engineering Chemistry Research, 47, 953–963.

Alana, J. D. (2003). Investigation of heavy oil single-phase paraf n deposition characteristics (M.S. thesis). University of Tulsa, Tulsa, OK.

Alcazar-Vara, L. A., & Buenrostro-Gonzalez, E. (2011). Characterization of the wax precipitation in Mexican crude oils. Fuel Processing Technology, 92, 2366–2374.

Alghanduri, L. M., Elgarni, M. M., Daridon, J.-L., & Coutinho, J. A. P. (2010). Characterization of Libyan waxy crude oils. Energy & Fuels, 24, 3101–3107.

Apte, M. S., Matzain, A., Zhang, H.-Q., Volk, M., Brill, J., & Creek, J. L. (2001). Investigation of paraf n deposition during multiphase ow in pipelines and wellbores—Part 2—Modeling. Journal of Energy Resources Technology, 123, 150–157.

Ashford, J. D., Blount, C. G., Marcou, J. A., & Ralph, J. M. (1990). Annular packer fuids for paraf n control: Model study and successful eld application. SPE Production Engineering, 5, 351–355.

ASTM International. (2008). Standard test method for temperature calibration of differential scanning calorimeters and differential thermal analyzers (ASTM Standard E967-08). doi: 10.1520/E0967-08.

ASTM International. (2010). Standard test method for measurement of transition tempera-tures of petroleum waxes by differential scanning calorimetry (DSC) (ASTM Standard D4419-90). doi: 10.1520/D4419-90R10.

ASTM International. (2011). Standard test method for cloud point of petroleum products (ASTM Standard D2500-11). doi: 10.1520/D2500-11.

Bai, C., & Zhang, J. (2013a). Effect of carbon number distribution of wax on the yield stress of waxy oil gels. Industrial and Engineering Chemistry Research, 52, 2732–2739.

Bai, C., & Zhang, J. (2013b). Thermal, macroscopic, and microscopic characteristics of wax deposits in eld pipelines. Energy & Fuels, 27, 752–759.

Bai, Y., & Bai, Q. (2012). Subsea engineering handbook (1st ed.). Houston, TX：Gulf Professional Publishing.

Barry, E. G. (1971). Pumping non-Newtonian waxy crude oils. Journal of the Institute of Petroleum, 57, 74–85.

Bendiksen, K. H., Maines, D., Moe, R., & Nuland, S. (1991). The dynamic two- uid model OLGA：Theory and application. SPE Production Engineering, 6, 171–180.

Bern, P. A., Withers, V. R., & Cairns, R. J. R. (1980). Wax deposition in crude oil pipe-lines. In European Offshore Petroleum Conference & Exhibition (p. 571). London：Earls Court.

Berne-Allen, A., Jr., & Work, L. T. (1938). Solubility of re ned paraf n waxes in petroleum fractions. Industrial and Engineering Chemistry, 30, 806–812.

Bhat, N. V., & Mehrotra, A. K. (2004). Measurement and prediction of the phase behavior of wax-solvent mixtures：Signi cance of the wax disappearance temperature. Industrial and Engineering Chemistry Research, 43, 3451–3461.

Bidmus, H. O., & Mehrotra, A. K. (2009). Solids deposition during "cold ow" of wax-solvent mixtures in a ow-loop apparatus with heat transfer. Energy &Fuels, 23, 3184–3194.

Bilderback, C. A., & McDougall, L. A. (1969). Complete paraf n control in petroleum production. Journal of Petroleum Technology, 21, 1151–1156.

Bokin, E., Febrianti, F., Khabibullin, E., & Perez, C. E. S. (2010). Flow assurance and sour gas in natural gas production.

Brill, J. P. (1987). Multiphase ow in wells. Journal of Petroleum Technology, 39, 15–21.

Brown, T. S., Niesen, V. G., & Erickson, D. D. (1993). Measurement and prediction of the kinetics of paraf n deposition. Proceedings—SPE Annual Technical Conference and Exhibition, 353–368.

Bruno, A., Sarica, C., Chen, H., & Volk, M. (2008). Paraf n deposition during the flow of water-in-oil and oil-in-water dispersions in pipes. In ACTE 2008 Proceedings：Proceedings of SPE Annual Technical Conference and Exhibition. Denver, CO：Society of Petroleum Engineers, SPE 114747, September 21–24, 2008.

Burger, E. D., Perkins, T. K., & Striegler, J. H. (1981). Studies of wax deposition in the Trans Alaska Pipeline. Journal of Petroleum Technology, 33, 1075–1086.

Cazaux, G., Barre, L., & Brucy, F. (1998). Waxy crude cold start: Assessment through gel structural properties. In SPE Annual Technical Conference and Exhibition. New Orleans, LA: Society of Petroleum Engineers, SPE 49213.Chilton, T. H., & Colburn, A. P. (1934). Mass transfer (absorption) coef cients prediction from data on heat transfer and uid friction. Industrial and Engineering Chemistry, 26, 1183–1187.

Chueh, P. L., & Prausnitz, J. M. (1967). Vapor–liquid equilibria at high pressures: Calculation of partial molar volumes in nonpolar liquid mixtures. AIChE Journal, 13, 1099–1107.

Claudy, P., Letoffe, J. M., Neff, B., & Damin, B. (1986). Diesel fuels: Determination of onset crystallization temperature, pour point and lter plugging point by differential scanning calorimetry. Correlation with standard test methods. Fuel, 65, 861–864.

Cleaver, J., & Yates, B. (1973). Mechanism of detachment of colloidal particles from a at substrate in a turbulent ow. Journal of Colloid and Interface Science, 44, 464–474.

Coto, B., Coutinho, J. A. P., Martos, C., Robustillo, M. D., Espada, J. J., & Peña, J. L. (2011). Assessment and improvement of n–paraf n distribution obtained by HTGC to predict accurately crude oil cold properties. Energy & Fuels, 25, 1153–1160.

Coto, B., Martos, C., Espada, J. J., Robustillo, M. D., Merino–García, D., & Pe, L. (2011).A new DSC–based method to determine the wax porosity of mixtures precipi–tated from crude oils. Energy & Fuels, 25, 1707–1713.

Coto, B., Martos, C., Espada, J. J., Robustillo, M. D., & Peña, J. L. (2010). Analysis of paraf n precipitation from petroleum mixtures by means of DSC: Iterative procedure considering solid–liquid equilibrium equations. Fuel, 89, 1087–1094.

Coto, B., Martos, C., Espada, J. J., Robustillo, M. D., Peña, J. L., Coutinho, J. A. P., &Pe, L. (2011). Study of new methods to obtain the n–paraf n distribution of crude oils and its application to ow assurance. Energy & Fuels, 25, 487–492.

Coto, B., Martos, C., Peña, J. L., Espada, J. J., & Robustillo, M. D. (2008). A new method for the determination of wax precipitation from non–diluted crude oils by fractional precipitation. Fuel, 87, 2090–2094.

Coutinho, J. A. P. (1998). Predictive UNIQUAC: A new model for the description of multiphase solid–liquid equilibria in complex hydrocarbon. Industrial and Engineering Chemistry Research, 37, 4870–4875.

Coutinho, J. A. P., & Daridon, J. L. (2001). Low-pressure modeling of wax formation in crude oils. Energy & Fuels, 15, 1454–1460.

Coutinho, J. A. P., & Daridon, J.–L. (2005). The limitations of the cloud point measurement techniques and the in uence of the oil composition on its detection. Petroleum Science and Technology, 23, 1113–1128.

Coutinho, J. A. P., Edmonds, B., Moorwood, T., Szczepanski, R., & Zhang, X. (2006). Reliable wax predictions for ow assurance. Energy & Fuels, 20, 1081–1088.

Coutinho, J. A. P., & Ruf er–Méray, V. (1997). Experimental measurements and thermodynamic modeling of paraf nic wax formation in undercooled solutions. Industrial and Engineering Chemistry Research, 36, 4977–4983.

Coutinho, J. A. P., & Stenby, E. H. (1996). Predictive local composition models for solid/liquid equilibrium in n–alkane systems: Wilson equation for multicomponent systems Industrial and Engineering Chemistry Research, 35, 918–925.

Coutinho, P. (1999). Predictive local composition models: NRTL and UNIQUAC and their application to model solid–liquid equilibrium of n–alkanes. Fluid Phase Equilibria, 158, 447–457.

Couto, G. (2004). Investigation of two–phase oil–water paraf n deposition (M.S. thesis). University of Tulsa, Tulsa, OK.

Creek, J., Lund, H. J., Brill, J. P., & Volk, M. (1999). Wax deposition in single phase ow. Fluid Phase Equilibria, 158–160, 801–811.

Crochet, M. J., Davies, A. R., & Walters, K. (1991). Numerical simulation of non–Newtonian ow (3rd ed.). New York: Elsevier B.V.

Daridon, J., Coutinho, J. A. P., & Montel, F. (2001). Solid–liquid–vapor phase boundary of a North Sea waxy crude: Measurement and modeling. Energy & Fuels, 15, 730–735.

Dauphin, C., Daridon, J., Coutinho, J., Baylère, P., & Potin–Gautier, M. (1999). Wax con–tent measurements in partially frozen paraf nic systems. Fluid Phase Equilibria, 161, 135–151.

Ding, J., Zhang, J., Li, H., Zhang, F., & Yang, X. (2006). Flow behavior of Daqing waxy crude oil under simulated pipelining conditions. Energy & Fuels, 20,

2531–2536.

Dirand, M., Bouroukba, M., Briard, A.-J., Chevallier, V., Petitjean, D., & Corriou, J.-P. (2002). Temperatures and enthalpies of (solid + solid) and (solid + liquid) transitions of n-alkanes. The Journal of Chemical Thermodynamics, 34, 1255–1277.

Dirand, M., Chevallier, V., & Provost, E. (1998). Multicomponent parafin waxes and petroleum solid deposits: Structural and thermodynamic state. Fuel, 77, 1253–1260.

Dittus, F., & Boelter, L. (1985). Heat transfer in automobile radiators of the tubular type. International Communications in Heat and Mass Transfer, 12, 3–22.

Eaton, P. E., & Weeter, G. Y. (1976). Paraf n deposition in flow lines. In 16th National Heat Transfer Conference. St. Louis, MO.

Economic analysis methodology for the 5-year OCS Oil and Gas Leasing Program for 2012–2017. (2011). Washington, DC.

Edmonds, B., Moorwood, T., Szczepanski, R., & Zhang, X. (2007). Simulating wax deposition in pipelines for flow assurance. Energy & Fuels, 22, 729–741.

Elliott, J. R., & Lira, C. T. (2012). Introductory chemical engineering thermodynamics. Upper Saddle River, NJ: Prentice Hall.

Elsharkawy, A. M., Al-Sahhaf, T. A., & Fahim, M. A. (2000). Wax deposition from Middle East crudes. Fuel, 79, 1047–1055.

Erickson, D. D., Niesen, V. G., & Brown, T. S. (1993). Thermodynamic measurement and prediction of paraf n precipitation in crude oil. In SPE Annual Technical Conference and Exhibition (pp. 353–368). Houston, TX: Society of Petroleum Engineers.

Esbensen, K. H., Halstensen, M., Tønnesen Lied, T., Svalestuen, J., de Silva, S., & Hope, B. (1998). Acoustic chemometrics—From noise to information. Chemometrics and Intelligent Laboratory Systems, 44, 61–76.

Garcia, M. C. (2001). Paraf n deposition in oil production. In SPE International Symposium on Oil eld Chemistry (pp. 1–7). Houston, TX: Society of Petroleum Engineers.

Garcia, M., Lopez, F., & Nino, Y. (1995). Characterization of near-bed coherent structures in turbulent open channel ow using synchronized high-speed video and hotlm measurements. Experiments in Fluids, 19, 16–28.

Gluyas, J. G., & Underhill, J. R. (2003). The Staffa Field, Block 3/8b, UK

North Sea.Geological Society, London, Memoirs, 20, 327–333.

Gnielinski, V. (1976). New equations for heat and mass transfer in turbulent pipe and channel flow. International Journal of Chemical Engineering, 16, 359–368.

Golczynski, T. S., & Kempton, E. (2006). Understanding wax problems leads to deep-water flow assurance solutions. World Oil, D–7–D–10.

Green, D. W. (2008). Perry's chemical engineers' handbook (8th ed.). New York: McGraw-Hill.

Haaland, S. E. (1983). Simple and explicit formulas for the friction factor in turbulent pipe flow. Journal of Fluids Engineering, 105, 89–90.

Halstensen, M., Arvoh, B. K., Amundsen, L., & Hoffmann, R. (2013). Online estimation of wax deposition thickness in single-phase sub-sea pipelines based on acoustic chemometrics: A feasibility study. Fuel, 105, 718–727.

Hammami, A., & Mehrotra, A. K. (1995). Liquid-solid-solid thermal behaviour of $n-C_{44}+n-C_{50}$ and $n-C_{25}+n-C_{28}$ parafnic binary mixtures. Fluid Phase Equilibria, 111, 253–272.

Han, S., Huang, Z., Senra, M., Hoffmann, R., & Fogler, H. S. (2010). Method to determine the wax solubility curve in crude oil from centrifugation and high temperature gas chromatography measurements. Energy & Fuels, 24, 1753–1761.

Hansen, A. B., Larsen, E., Pedersen, W. B., Nielsen, A. B., & Rønningsen, H. P. (1991). Wax precipitation from North Sea crude oils. 3. Precipitation and dissolution of wax studied by differential scanning calorimetry. Energy & Fuels, 5, 914–923.

Hansen, J. H., Fredenslund, A., Pedersen, K. S., & Røningsen, H. P. (1988). A thermodynamic model for predicting wax formation in crude oils. AIChE Journal, 34, 1937–1942.

Hayduk, W., & Minhas, B. (1982). Correlations for prediction of molecular diffusivities in liquids. Canadian Journal of Chemical Engineering, 60, 295–299.

Hernandez, O. C. (2002). Investigation of single-phase parafn deposition characteristics (M.S. thesis).University of Tulsa, Tulsa, OK.

Hernandez, O. C., Hensley, H., Sarica, C., Brill, J. P., Volk, M., & Delle-Case, E. (2003).Improvements in single-phase parafn deposition modeling. In SPE Annual.

Technical Conference and Exhibition (pp. 1–9). Denver, CO: Society of Petroleum Engineers.

Hoffmann, R., & Amundsen, L. (2010). Single-phase wax deposition experiments. Energy & Fuels, 24, 1069–1080.

Hsu, J. J. C., & Brubaker, J. P. (1995). Wax deposition measurement and scale-up modeling for waxy live crudes under turbulent ow conditions. In International Meeting on Petroleum Engineering (pp. 1–10). Beijing, China: Society of Petroleum Engineers.

Huang, Z., Lee, H. S., Senra, M., & Fogler, H. S. (2011). A fundamental model of wax deposition in subsea oil pipelines. AIChE Journal, 57, 2955–2964.

Huang, Z., Lu, Y., Hoffmann, R., Amundsen, L., & Fogler, H. S. (2011). The effect of operating temperatures on wax deposition. Energy & Fuels, 25, 5180–5188.

Huang, Z., Senra, M., Kapoor, R., & Fogler, H. S. (2011). Wax deposition modeling of oil/water strati ed channel flow. AIChE Journal, 57, 841–851.

Hunt, E. B., Jr. (1962). Laboratory study of paraf n deposition. Journal of Petroleum Technology, 14, 1259–1269.

Ijeomah, C. E., Dandekar, A. Y., Chukwu, G. A., Khataniar, S., Patil, S. L., & Baldwin, A. L. (2008). Measurement of wax appearance temperature under simulated pipeline (dynamic) conditions. Energy & Fuels, 22, 2437–2442.

Ismail, L., Westacott, R. E., & Ni, X. (2008). On the effect of wax content on parafin wax deposition in a batch oscillatory baf ed tube apparatus. Chemical Engineering Journal, 137, 205–213.

Jemmett, M. R., Deo, M., Earl, J., & Mogenhan, P. (2012). Applicability of cloud point depression to "cold flow." Energy & Fuels, 26, 2641–2647.

Jennings, D. W., & Weispfennig, K. (2005). Effects of shear and temperature on wax deposition: Cold nger investigation with a Gulf of Mexico crude oil. Energy &Fuels, 19, 1376–1386.

Jiang, Z., Hutchinson, J., & Imrie, C. (2001). Measurement of the wax appearance temperatures of crude oils by temperature modulated differential scanning calorimetry. Fuel, 80, 367–371.

Jimenez, J., Moin, P., Moser, R., & Keefe, L. (1988). Ejection mechanisms in the sublayer of a turbulent channel. Physics of Fluids, 31, 1311–1313.

Juyal, P., Cao, T., Yen, A., & Venkatesan, R. (2011). Study of live oil wax precipitation with high-pressure micro-differential scanning calorimetry. Energy & Fuels, 25, 568–572.

Karacan, C. O., Demiral, M. R. B., & Kok, M. V. (2000). Application of x-ray CT imaging as an alternative tool for cloud point determination. Petroleum Science and Technology, 18, 835–849.

Kaya, A. S., Sarica, C., & Brill, J. P. (1999). Comprehensive mechanistic modeling of two-phase ow in deviated wells. In SPE Annual Technical Conference and Exhibition. Houston, TX: Society of Petroleum Engineers.

Kim, D., Ghajar, A. J., Dougherty, R. L., & Ryali, V. K. (1999). Comparison of twenty two-phase heat transfer correlations with seven sets of experimental data, including ow pattern and tube inclination effects. Heat Transfer Engineering, 20 (1), 15–40.

Kleinhans, J., Niesen, V., & Brown, T. (2000). Pompano paraf n calibration field trials. In SPE Annual Technical Conference and Exhibition (pp. 1–15). Dallas, TX: Society of Petroleum Engineers.

Kok, M. V., Jean-Marie, L., Claudy, P., Martin, D., Garcin, M., Vollet, J., Ura, C. (1996). Comparison of wax appearance temperatures of crude oils by DSC, thermomicroscopy and viscometry. Fuel, 75, 787–790.

Kok, M. V., Letoffe, J. M., & Claudy, P. (1999). DSC and rheometry investigations of crude oils. Journal of Thermal Analysis and Calorimetry, 56, 959–965.

Kruka, V. R., Cadena, E. R., & Long, T. E. (1995). Cloud-point determination for crude oils. Journal of Petroleum Technology, 47, 681–687.

Labes-Carrier, C., Rønningsen, H. P., Kolnes, J., & Leporcher, E. (2002). Wax deposition in North Sea gas condensate and oil systems: Comparison between operational experience and model prediction. In SPE Annual Technical Conference and Exhibition. San Antonio, TX.

Lee, H. S. (2008). Computational and rheological study of wax deposition and gelation in subsea pipelines (Ph.D. thesis). University of Michigan.

Leontaritis, K. J. (1996). The asphaltene and wax deposition envelopes. Fuel Science and Technology International, 14, 13–39.

Li, H., & Zhang, J. (2003). A generalized model for predicting non-Newtonian viscosity of waxy crudes as a function of temperature and precipitated wax. Fuel, 82, 1387–1397.

Lindeloff, N., & Krejbjerg, K. (2002). A compositional model simulating wax deposition in pipeline systems. Energy & Fuels, 16, 887–891.

Lira-Galeana, C., Firoozabadi, A., & Prausnitz, J. M. (1996). Thermodynamics of wax precipitation in petroleum mixtures. AIChE Journal, 42, 239–248.

Lu, Y., Huang, Z., Hoffmann, R., Amundsen, L., Fogler, H. S., & Sheng, Z. (2012).

Counterintuitive effects of the oil flow rate on wax deposition. Energy & Fuels, 26, 4091–4097.

Lund, H.-J. (1998). Investigation of paraffin deposition during single-phase liquid flow in pipelines (M.S. thesis). University of Tulsa.

Martos, C., Coto, B., Espada, J. J., Robustillo, M. D., Gómez, S., & Peña, J. L. (2008). Experimental determination and characterization of wax fractions precipitated as a function of temperature. Energy & Fuels, 22, 708–714.

Martos, C., Coto, B., Espada, J. J., Robustillo, M. D., Peña, J. L., & Merino-Garcia, D. (2010). Characterization of Brazilian crude oil samples to improve the prediction of wax precipitation in flow assurance problems. Energy & Fuels, 24, 2221–2226.

Matzain, A. (1997). Single phase liquid paraffin deposition modeling (M.S. thesis). University of Tulsa.

Matzain, A., Apte, M. S., Zhang, H.-Q., Volk, M., Redus, C. L., Brill, J. P., & Creek, J. L. (2001). Multiphase flow wax deposition modeling. In ETCE 2001: Petroleum Production Technology Symposium. Houston, TX.

Merino-Garcia, D., & Correra, S. (2008). Cold flow: A review of a technology to avoid wax deposition. Petroleum Science and Technology, 26, 446–459.

Monger-McClure, T. G., Tackett, J. E., & Merrill, L. S. (1999). Comparisons of cloud point measurement and paraffin prediction methods. SPE Production & Facilities, 14, 4–16.

Monrad, C. C., & Pelton, J. G. (1942). Heat transfer by convection in annular spaces. Transations of AIChE, 38, 593–611.

Mukherjee, H., & Brill, J. P. (1985). Pressure drop correlations for inclined two-phase flow. Journal of Energy Resources Technology, 107, 549–554.

Musser, B. J., Kilpatrick, P. K., & Carolina, N. (1998). Molecular characterization of wax isolated from a variety of crude oils. Energy & Fuels, 59, 715–725.

Nazar, A. R. S., Dabir, B., Vaziri, H., & Islam, M. R. (2001). Experimental and mathematical modeling of wax deposition and propagation in pipes transporting crude oil. In SPE Production and Operations Symposium (pp. 1–11). Oklahoma City, OK: Society of Petroleum Engineers.

Niesen, V. (2002). The real cost of subsea pigging. E&P Magazine, 97–98.

Noville, I., & Naveira, L. (2012). Comparison between real eld data and the results of wax deposition simulation. In SPE Latin America and Caribbean Petroleum Engineering Conference (pp. 1–12). Mexico City, Mexico: Society of Petroleum Engineers.

Paso, K. G., & Fogler, H. S. (2004). Bulk stabilization in wax deposition systems. Energy & Fuels, 18, 1005–1013.

Paso, K., Kallevik, H., & Sjöblom, J. (2009). Measurement of wax appearance temperature using near–infrared (NIR) scattering. Energy & Fuels, 23, 4988–4994.

Pauly, J., Daridon, J.–L., & Coutinho, J. A. P. (2004). Solid deposition as a function of temperature in the nC10 + (nC24–nC25–nC26) system. Fluid Phase Equilibria, 224, 237–244.

Pauly, J., Dauphin, C., & Daridon, J. L. (1998). Liquid–solid equilibria in a decane+ multi–parafins system. Fluid Phase Equilibria, 149, 191–207.

Pedersen, K. S., Skovborg, P., & Rønningsen, H. P. (1991). Wax precipitation from North Sea crude oils. 4. Thermodynamic modeling. Energy & Fuels, 5, 924–932.

Pedersen, K. S., Thomassen, P., & Fredenslund, A. (1985). Thermodynamics of petroleum mixtures containing heavy hydrocarbons. 3. Ef cient ash calculation procedures using the SRK equation of state. Industrial & Engineering Chemistry Process Design and Development, 24, 948–954.

Pedersen, W. B., Hansen, A. B., Larsen, E., Nielsen, A. B., & Rønningsen, H. P. (1991). Wax precipitation from North Sea crude oils. 2. Solid–phase content as function of temperature determined by pulsed NMR. Energy & Fuels, 5, 908–913.

Petitjean, D., Schmitt, J. F., Laine, V., Bouroukba, M., Cunat, C., & Dirand, M. (2008). Presence of isoalkanes in waxes and their in uence on their physical properties. Energy & Fuels, 22, 697–701.

Phillips, D. A., Forsdyke, I. N., McCracken, I. R., & Ravenscroft, P. D. (2011). Novel approaches to waxy crude restart: Part 2: An investigation of flow events following shut down. J. Pet. Sci. Eng., 77, 286–304.

Roehner, R., & Fletcher, J. (2002). Comparative compositional study of crude oil solids from the Trans Alaska Pipeline System using high-temperature gas chromatography. Energy & Fuels, 16, 211–217.

Roehner, R. M., & Hanson, F. V. (2001). Determination of wax precipitation temperature and amount of precipitated solid wax versus temperature for crude oils using FT-IR spectroscopy. Energy & Fuels, 15, 756–763.

Rønningsen, H. P. (2012). Production of waxy oils on the Norwegian continental shelf: Experiences, challenges, and practices. Energy & Fuels, 26, 4124–4136.

Rønningsen, H. P., Bjamdal, B., Hansen, A. B., & Pedersen, W. B. (1991). Wax precipitation from North Sea crude oils. 1. Crystallization and dissolution temperatures, and Newtonian and non-Newtonian ow properties. Energy & Fuels, 5, 895–908.

Saffman, P. G. (1965). The lift on a small sphere in a slow shear ow. Journal of Fluid Mechanics, 22, 385–400.

Sandler, S. I. (2006). Chemical, biochemical, and engineering thermodynamics. Hoboken, NJ: Wiley.

Sieder, E. N., & Tate, G. E. (1936). Heat transfer and pressure drop of liquids in tubes. Industrial and Engineering Chemistry, 28, 1429–1435.

Singh, A., Lee, H., Singh, P., & Sarica, C. (2011). Flow assurance: Validation of wax deposition models using eld data from a subsea pipeline. In Offshore Technology Conference (pp. 1–19). Houston, TX: Offshore Technology Conference.

Singh, P. (2000). Gel deposition on cold surfaces (Ph.D. thesis). University of Michigan.

Singh, P., & Venkatesan, R. (2001). Morphological evolution of thick wax deposits during aging. AIChE Journal, 47, 6–18.

Singh, P., Venkatesan, R., Fogler, H. S., & Nagarajan, N. (2000). Formation and aging of incipient thin lm wax-oil gels. AIChE Journal, 46, 1059–1074.

Smith, B. (1999). Infrared spectral interpretation, a systematic approach. New York: CRC Press.

Snyder, R. G., Conti, G., Strauss, H. L., & Dorset, D. L. (1993). Thermally induced mixing in partially microphase segregated binary n-alkane crystals. The Journal of Physical Chemistry, 97, 7342–7350.

Snyder, R. G., Goh, M. C., Srivatsavoy, V. J. P., Strauss, H. L., & Dorset, D. L. (1992). Measurement of the growth kinetics of microdomains in binary n-alkane solid solutions by infrared spectroscopy. The Journal of Physical Chemistry, 96, 10008–10019.

Snyder, R. G., Hallmark, V. M., Strauss, H. L., & Maroncelli, M. (1986). Temperature and phase behavior of infrared intensities: The poly (methylene) chain. The Journal of Physical Chemistry, 94720, 5623–5630.

Snyder, R. G., Srivatsavoy, V. J. P., Cates, D. A., Strauss, H. L., White, J. W., & Dorset, D. L. (1994). Hydrogen/deuterium isotope effects on microphase separation in unstable crystalline mixtures of binary n-alkanes. The Journal of Physical Chemistry, 98, 674–684.

Urushihara, T., Meinhart, C. D., & Adrain, R. J. (1993). Investigation of the logarithmic layer in pipe flow using particle image velocimetry. In Near Wall Turbulent Flows, (pp. 433–446). Amsterdam, Netherlands: Elsevier.

Venkatesan, R., & Fogler, H. S. (2004). Comments on analogies for correlated heat and mass transfer in turbulent ow. AIChE Journal, 50 (7), 1623–1626.

Venkatesan, R., Nagarajan, N. R., Paso, K., Yi, Y.-B., Sastry, A. M., & Fogler, H. S. (2005). The strength of paraf n gels formed under static and flow conditions. Chemical Engineering Science, 60, 3587–3598.

Vieira, L. C., Buchuid, M. B., & Lucas, E. F. (2010). Effect of pressure on the crystallization of crude oil waxes. I. Selection of test conditions by microcalorimetry. Energy & Fuels, 24, 2208–2212.

Wilke, C. R., & Chang, P. (1955). Correlation of diffusion coef cients in dilute solutions. AIChE Journal, 1, 264–270.

Wilkes, J. O. (2005). Fluid mechanics for chemical engineers (2nd ed.). Upper Saddle River, NJ: Prentice Hall.

Won, K. W. (1986). Thermodynamics for solid solution-liquid-vapor equilibria: Wax phase formation from heavy hydrocarbon mixtures. Fluid Phase Equilibria, 30, 265–279.

Yan, D., & Luo, Z. (1987). Rheological properties of Daqing crude oil and their application in pipeline transportation. SPE Production Engineering, 2, 267–276.

Zheng, S., Zhang, F., Huang, Z., & Fogler, H. S. (2013). Effects of operating conditions on wax deposit carbon number distribution: Theory and experiment. Energy

&Fuels, 27, 7379–7388.

Zhu, T., Walker, J. A., & Liang, J. (2008). Evaluation of wax deposition and its control during production of Alaska North Slope Oils—Final Report.

附录　术语

A_{HM}——Hayduk–Minhas 蜡的质量扩散相关性的系数

B_{wc}——Wilke–Chang 中相关的蜡质量扩散系数

C——成分蜡的浓度，kg/m³

$C(eq)$——蜡质组分基于热力学平衡的浓度

C_{inlet}——井口口蜡组分浓度，kg/m³

C_{oil}——油中溶解的蜡组分浓度，kg/m³

C_{wall}——管壁的蜡组分浓度，kg/m³

C_p——原油的热容，J/mol·K

D_{wax}——石油蜡的质量扩散（扩散系数），m²/s

$D_{wax,\,interface}$——基于蜡油—沉积界面温度的质量扩散（扩散系数），m²/s

$D_{wax,\,wall}$——基于壁温研究的蜡质量扩散系数（扩散系数），m²/s

ΔCP_i——热容的变化，J/(mol·K)

F_{wax}——蜡的质量分数

F_i——部分含蜡组分的质量分数

G^E——过量的 Gibbs 自由能，由于分子间的相互作用引起，J

ΔG_{mix}——由于混合造成的 Gibbs 自由能变化，J

ΔH_i^f——i 组分的融化热，J/mol

ΔH_i^{Tr}——固—固转变的组分热，J/mol

ΔH_i^{Sub}——组分 i 的升华热，J/mol

J_A——从油到沉积表面的结蜡质量流量，kg/(m²·s)

J_B——蜡沉淀的质量流量，kg/(m²·s)

J_{wax}——蜡沉积特征量，kg/(m²·s)

L_{pipe}——管道的长度，m

$L_{pipe,\,i}$——i 段管长度，m

M_B——蜡在 Hayduk–Minhas 相关溶剂的摩尔质量扩散系数，g/mol

Δp_{pipe}——管道压降，Pa

$\Delta p_{pipe,\,i}$——第 i 段管的压降，Pa

Q_{oil}——油的体积流量，m³/s

$\Delta Q_{thermal}$——入口和出口之间的热能量流率的差异，J/s

R——气体常数，J/(mol·K)

$R_{interface}$——油流动过程中蜡沉积的有效半径，m

R_{pipe}——管半径，m

T——温度，K

$T_{ambient}$——环境温度，K

$T_{coolant}$——冷却管温度，K

$T_{coolant,\ inlet}$——冷却管入口温度，K

$T_{coolant,\ outlet}$——冷却管出口温度，K

$T_{interface}$——油—蜡界面温度，K

T_i^f——熔点，K

T_i^P——沉淀温度，K

T_i^{Tr}——固—固成分转换温度，K

T_{oil}——块状油温度，K

$T_{oil,\ inlet}$——油管进口温度，K

$T_{oil,\ outlet}$——油管出口温度，K

T_{wall}——管壁温度，K

ΔT_{lm}——热交换剂的对数平均温度差，K

U——油轴向上的平均速度，m/s

$U_{overall}$——管径向的整体热传递系数，W/(m²·K)

VA——n-石蜡的摩尔体积，cm³/mol

Vi——摩尔体积，L/mol

Vwi——范德华体积分数，L/mol

ΔVi——组分 i 相变的摩尔体积，L/mol

V_z——轴向油的速率，m/s

Z_L——液相状态方程的 Z 因子

Z_V——气相状态方程的 Z 因子

$a_{mixture}$——状态方程参数，(Nm⁴)

$b_{mixture}$——状态方程参数，m³

$d_{efective\ inner}$——有效流动的管壁厚度，M

d_{inner}——管的内径，m

d_{outer}——管的外径，m

d_{pipe}——油管的直径，m

f_{darcy}——达西摩擦因子

f_i^L——组分 i 在液相的逸度，PA

f_i^S——组分 i 在固相的逸度，PA

f_i^V——组分 i 在气相的逸度，PA

$h_{coolant}$——流动环蜡沉积实验的冷却剂热传导系数，W/(m²·K)

$h_{internal}$——管内直径的热传导系数，W/(m²·K)

$h_{external}$——外径热传递系数（包括管壁、环境），W/(m²·K)

$k_{mass\ transfer}$——块状油中蜡的传质系数，m/s

$k_{deposit}$——结蜡的导热系数，W/(m·K)

k_{oil}——油的热传导率，W/(m·K)

k_{pipe}——油管的热传导率，W/(m·K)

$k_{precipitation}$——the Michigan Wax Predictor 结蜡模型的结蜡速率常数，s^{-1}

n_i^F——i 组分的摩尔数，mol

n^L——液相摩尔数，mol

n^S——固相摩尔数，mol

n^V——气相摩尔数，mol

p——压力，Pa

q——结晶释放的热，J/mol

r——径向坐标，m

S_i——组分 i 的固相摩尔分数

t——时间，s

w_i——i 组分的沉淀量，摩尔

x_i——i 组分在液相的摩尔分数

y_i——i 组分在汽相的摩尔分数

y^+——到井壁的无量纲距离（紊流流体力学）

z——轴向坐标，m

α——Wilson 模型的二分修正系数

ε_{mass}——涡流质量扩散系数，m²/s

ε_{pipe}——管道的粗糙度，μm

$\varepsilon_{thermal}$——涡流热扩散系数，m²/s

η——油管无量纲径向长度

θ——含蜡组分无量纲浓度

γ_i^L——i 组分在液相中的活度系数

附录　术语

γ_i^S——i 组分在固相中的活性系数

δ——该相中的平均溶解度参数 ($J^{0.5}/mol^{0.5}/L^{0.5}$)

δ_i——i 组分的溶解度系数 ($J^{0.5}/mol^{0.5}/L^{0.5}$)

$\delta_{deposit}$——沉积蜡的厚度，m

$\delta_{diffusion}$——等效扩散传质层厚度，m

$\delta_{mass\ transfer}$——传导层的厚度，m

$\delta_{thermal}$——等效传导边界层厚度，m

λ——油管的无量纲长度

$\lambda_{i,j}$——固相中 i 与 j 之间的相互作用能，J/mol

$\mu_{centerline}$——基于管道轴线温度的黏度，Pa·s

$\mu_{deposit\ interface}$——基于油－蜡界面温度的黏度，Pa·s

μ_B——Hayduk-Minhas 中与蜡质量扩散相关的溶剂黏度，mPa·s

υ——油无量纲的轴向速度

ρ_{oil}——油的密度，kg/m³

$\rho_{deposit}$——沉积蜡的密度，kg/m³

ϕB——与 Wilke-Chang 相关的蜡质量扩散溶剂关联的参数

$\phi_{deposit}$——沉积蜡的孔隙度（油的体积分数）

ϕi——根据 Flory free volume 理论定义的组分 i 的馏分

$x_{i,j}$——组分 i 与 j 之间的 Flory 的二元作用参数

Gz——格雷兹数

Le——路易斯数

Nu——努赛尔数

Pr——普朗特数

Re——雷诺数

Sc——施密特数

Sh——舍伍德数